# 热力学敏感流体空化基础理论与数值计算

邹 丽 孙铁志 马相孚 著

科 学 出 版 社
北 京

# 内 容 简 介

空化问题广泛存在于船舶与海洋工程、航空航天、动力工程与工程热物理等研究领域。涉及热力学效应的流体介质空化问题更是由于其伴随两相流动、介质属性改变、相变等物理过程而变得非常复杂。数值计算作为当前空化多相流领域的主要研究手段之一，极大地促进了对热力学效应下空化流动规律和机理的认识。本书根据对作者多年来工作的整理，通过若干实例，对热力学敏感流体空化流动的数值计算模型和方法进行了介绍，并分析了不同热力学敏感介质的空化流动特性和规律，使读者能够对涉及热力学效应的空化流动问题有一个更加全面和深入的了解。

本书可供高校研究生、研究所的科研人员和对空化流动感兴趣的读者参考使用。

**图书在版编目(CIP)数据**

热力学敏感流体空化基础理论与数值计算/邹丽，孙铁志，马相孚著.
—北京：科学出版社，2018. 12
ISBN 978-7-03-058292-8
Ⅰ. ①热… Ⅱ. ①邹… ②孙… ③马… Ⅲ. ①热力学-空化-流体力学-数值计算 Ⅳ. ①O414. 1

中国版本图书馆 CIP 数据核字 (2018) 第 161044 号

责任编辑：刘凤娟 / 责任校对：杨 然
责任印制：吴兆东 / 封面设计：无极书装

科 学 出 版 社 出版
北京东黄城根北街 16 号
邮政编码：100717
http://www.sciencep.com

北京凌奇印刷有限责任公司 印刷

科学出版社发行 各地新华书店经销

*

2018 年 12 月第 一 版 开本：B5 (720 × 1000)
2018 年 12 月第一次印刷 印张：9
字数：181 000

POD定价： 69.00元

# 前　言

空化常见于流场局部压力变化迅速的物体表面上, 如船舶螺旋桨、火箭涡轮泵、水中兵器、径向轴承、调节阀和喷嘴等。空化区域压力的降低和非定常特性通常会导致机械振动、噪声、材料汽蚀等, 从而造成设备表面疲劳损坏、断裂以及机械性能下降等负面影响。而高温水、液氢、液氮和液氧等流体介质物理属性随温度变化敏感, 导致空化区域温度发生改变, 进而使空化流场变得更加复杂。鉴于以试验研究的途径开展此类流体介质空化流动问题的安全性和复杂性, 数值计算是目前的主要研究手段之一。

本书的内容是属于基础研究层面的, 重点讨论了涉及热力学效应的空化流动数值建模及流动特性分析问题, 试图初步建立热力学敏感流体介质空化问题的基本理论体系与数值计算框架, 旨在揭示涉及热力学效应的空化流动机理。

本书的安排如下: 第 1 章介绍空化热力学效应基本特性及研究概述; 第 2 章介绍空化流动数值计算基本方法; 第 3 章介绍定常流动计算模型评价与流动特性; 第 4 章介绍定常空化流动影响因素规律; 第 5 章介绍非定常空化二维流动及参数影响规律; 第 6 章介绍非定常空化三维流动及旋涡结构特性; 第 7 章介绍不同流体介质非定常空化三维流动特性。

本书得到了公益性行业科研专项——浮式保障平台工程 (二期) 专题一: 岛礁环境与海床地质结构等基础统计数据的实地测量分析 (工信部联装 [2016] 22 号)、大连理工大学 "星海杰青" 资助计划、国家自然科学基金青年科学基金项目 (51709042) 和中央高校基本科研业务费专项资金 (DUT16RC(3)085) 的资助。

由于时间仓促, 本书只介绍了有限的一部分内容, 书中不妥之处在所难免, 恳请读者批评指正。

作　者

2018 年 5 月 25 日

# 目　录


**第 1 章　空化热力学效应基本特性及研究概述** ······ **1**

1.1　空化热力学效应基本特性 ······ 1

1.2　空化热力学效应试验研究概述 ······ 4

1.3　空化热力学效应理论研究概述 ······ 8

1.4　空化热力学效应数值计算研究概述 ······ 10

1.5　小结 ······ 13

参考文献 ······ 13

**第 2 章　空化流动数值计算基本方法** ······ **21**

2.1　基本控制方程 ······ 21

2.2　空化模型 ······ 22

2.2.1　Merkle 空化模型 ······ 23

2.2.2　Kunz 空化模型 ······ 23

2.2.3　Zwart 空化模型 ······ 23

2.2.4　考虑热力学效应的修正 Zwart 空化模型 ······ 25

2.3　湍流模型 ······ 26

2.3.1　标准 $k$-$\varepsilon$ 模型 ······ 28

2.3.2　局部时均化湍流模型 ······ 28

2.3.3　壁面函数 ······ 29

2.4　小结 ······ 31

参考文献 ······ 31

**第 3 章　定常流动计算模型评价与流动特性** ······ **33**

3.1　计算几何模型与网格划分 ······ 33

3.2　空化热力学效应影响 ······ 34

3.3　空化模型在预测热力学敏感流体空化流动方面的应用与评价 ······ 38

3.3.1　Zwart 空化模型系数敏感性分析 ······ 38

3.3.2　不同空化模型预测液氮空化流动对比与分析 ······ 43

3.3.3 不同空化模型预测液氢空化流动对比与分析 …… 46
3.3.4 热力学效应下不同空化模型质量传输特性对比 …… 48
3.4 考虑热力学效应的修正空化模型应用与评价 …… 49
3.5 液氢和液氮空化流动特性对比 …… 51
3.5.1 压力及温度分布特性 …… 51
3.5.2 汽液两相分布及质量传输特性对比 …… 53
3.6 小结 …… 55
参考文献 …… 56

**第 4 章 定常空化流动影响因素规律 …… 57**
4.1 计算模型和边界条件 …… 57
4.2 液氮空化流动的热力学效应 …… 60
4.3 液氢空化流动的热力学效应 …… 62
4.4 流场参数对低温空泡的影响 …… 65
4.4.1 来流速度对低温空化的影响 …… 65
4.4.2 来流温度对低温空化的影响 …… 68
4.4.3 远场压强对低温空化的影响 …… 71
4.5 小结 …… 74
参考文献 …… 75

**第 5 章 非定常空化二维流动及参数影响规律 …… 76**
5.1 温度对液氢绕翼型非定常空泡的影响数值模拟 …… 76
5.1.1 几何模型和边界设置 …… 76
5.1.2 无量纲数的定义 …… 77
5.1.3 空泡形态的变化过程 …… 78
5.1.4 温度分布及变化规律 …… 79
5.1.5 压强和速度分布 …… 79
5.1.6 温度对升、阻力系数的影响 …… 82
5.2 流动参数对液氢绕翼型非定常空泡的影响数值模拟 …… 82
5.2.1 空化数对液氢非定常空泡的影响 …… 82
5.2.2 翼型攻角对液氢非定常空泡的影响 …… 85
5.3 小结 …… 87
参考文献 …… 88

**第 6 章　非定常空化三维流动及旋涡结构特性……89**
6.1　计算模型和网格……89
6.2　PANS 湍流模型控制参数敏感性分析……92
6.3　氟化酮非定常空化流动空泡发展和脱落特性分析……97
6.4　氟化酮非定常空化流动旋涡特性分析……104
6.4.1　氟化酮非定常空化流动旋涡结构特性分析……104
6.4.2　氟化酮非定常空化流动涡动力特性分析……106
6.5　小结……109
参考文献……109

**第 7 章　不同流体介质非定常空化三维流动特性……111**
7.1　氟化酮绕水翼非定常空化流动特性分析……111
7.1.1　非定常空化流动空泡演变特性……111
7.1.2　非定常空化流动温度场特性……113
7.1.3　非定常空化流动流体动力特性……117
7.2　液氢绕水翼非定常空化流动特性分析……120
7.2.1　空化数对液氢非定常空化流动特性影响分析……120
7.2.2　液氢非定常空化流动瞬时热梯度和涡量场分布特性……122
7.3　液氮绕水翼非定常空化流动特性分析……124
7.3.1　空化数对液氮非定常空化流动特性影响分析……124
7.3.2　液氮绕水翼空泡脱落机理特性研究……127
7.4　热力学敏感流体非定常空化流动空泡演变特性……129
7.5　小结……132
参考文献……133

# 第 1 章　空化热力学效应基本特性及研究概述

## 1.1　空化热力学效应基本特性

当液体内的压强降低到当地热力学状态下的饱和蒸气压时, 流体介质将会发生从液相到气相的转变, 这种现象称为空化 [1−3]。空化常见于流场局部压力变化迅速的物体表面上, 如船舶螺旋桨、火箭涡轮泵、水中兵器、径向轴承、调节阀和喷嘴等。空化区域压力的降低和非定常特性通常会导致机械振动、噪声、材料汽蚀等, 从而引起设备表面疲劳损坏、断裂以及机械性能下降等负面影响 [4−6]。因此, 国内外学者广泛地开展空化流动问题的研究。

空化发生时, 流体介质从液相向气相转变的过程中由于气化潜热的作用会从周围流体吸收热量, 从而引起空化区域温度降低, 即空化热力学效应 [3,7]。常温下水介质空化可以忽略热力学效应的影响, 即空化发生时假设空化区域温度不发生改变。而高温水、液氢、液氮、液氧等热力学敏感流体介质物理属性随温度变化敏感, 在空化流动过程中热力学效应显著, 从而引起空化区域温度的改变, 使空化流场变得更加复杂 [8−10]。

液氢和液氧等流体常被用作液体运载火箭发动机的推进剂。由于发动机涡轮泵的重量和尺寸受到严格设计要求, 就要通过增加涡轮泵功率密度来提高发动机推力。同时为保证有效的运载能力, 需要减小推进剂容器的体积, 这将会导致诱导轮入口处压强降低。在高速旋转和较低入口压强条件下, 诱导轮叶片周围会很容易发生空化, 使得其内部流场变得不稳定而引起强烈的机械振动, 从而降低了火箭发动机的可靠性和稳定性 [11,12]。欧洲阿里安 5(Ariane5) 推进系统的诱导轮中发生的旋转空化使转子承受了很大的不平衡载荷, 从而引起轴承的磨损 [13]。P&W 公司研制航天飞机高压液氧涡轮泵的初期遇到了很严重的超同步振动, 诊断发现, 旋转空化是激发超同步响应的主要因素, 导致诱导轮叶片和密封装置严重磨损 [14]。1999 年日本的 H-II 发射失败, 就是因为诱导轮内液氢的空化流动引起的压力脉动与导流叶片发生共振, 所以叶片发生疲劳和断裂 [15], 进而影响着液体火箭发动机的稳定性和安全性能 [11]。因此, 深入开展热力学敏感流体空化流动特性的研究具有重要理论价值和工程应用意义。

通常用空化数来表征当地热力学状态下空化发生的难易程度, 空化数越小空化越容易发生, 空化数 $\sigma_\infty$ 定义为 [3]

$$\sigma_\infty = \frac{p_\infty - p_v(T_\infty)}{0.5\rho_l U_\infty^2} \tag{1.1}$$

式中, $p_\infty$ 为远场环境压强; $T_\infty$ 为远场流体温度; $p_v(T_\infty)$ 为远场热力学状态下的饱和蒸气压; $\rho_l$ 为流体介质液相状态下的密度; $U_\infty$ 为流场来流速度。

通过空化数的定义可知, 对于给定的流场环境, 空化的发生不仅与流场中的环境压力和来流速度有关, 也与流体本身的物理属性密切相关。表 1.1 给出了水、液氢、液氮以及氟化酮流体介质的基本物理属性。从表中可以看出, 常温水介质的液气密度比值比液氢、液氮的大三个数量级, 常温氟化酮介质液气密度比与液氢和液氮的差别不大。由于空化区域主要被气相占据, 为保证相似的空化强度, 液气密度比小的介质则需要更多的质量转换。由于气化潜热的影响, 空化过程中需要从周围的液体吸收热量, 从而引起空化区域的温度降低。而液氢、液氮以及氟化酮等液气密度比小的流体空化过程需要更多的热量传递, 从而引起当地热力学状态发生改变, 所以在空化流动计算过程中不能忽略热力学效应。

**表 1.1**　水、液氢、液氮以及氟化酮流体介质的基本物理属性 [8]

| 介质 | 温度/K | 液体密度/(kg/m³) | 液气密度比 | 比热/[J/(kg·K)] | 气化潜热 /(kJ/kg) |
|---|---|---|---|---|---|
| 水 | 298 | 997 | 43272 | 4200 | 2257 |
| 液氢 | 20 | 71 | 57 | 9816 | 446 |
| 液氮 | 83 | 780 | 95 | 2075 | 190 |
| 氟化酮 | 298 | 1601 | 305 | 1103 | 88 |

气化潜热的影响会使得空化区域的温度降低, 结合公式 (1.1) 可知, 空化数的大小与流体介质的属性密切相关, 当空化区域热力学状态发生改变时会引起当地介质属性的变化, 所以公式 (1.1) 给出的空化数不能真实有效地反映热力学敏感流体空化的动力学特性。定义空化区域当地空化数 $\sigma$ 为

$$\sigma = \frac{p_\infty - p_v(T)}{0.5\rho_l U_\infty^2} \tag{1.2}$$

式中, $T$ 为空化区域的当地温度。

结合 Utturkar 等 [2] 和 Goel 等 [16] 的一阶近似处理得到

$$0.5\rho_l U_\infty(\sigma - \sigma_\infty) = \frac{\mathrm{d}p_v}{\mathrm{d}T}(T_\infty - T) \tag{1.3}$$

可以得到考虑热力学影响的当地空化数 $\sigma$:

$$\sigma = \sigma_\infty - \frac{\mathrm{d}p_v}{\mathrm{d}T}\frac{\Delta T}{0.5\rho_l U_\infty^2} \tag{1.4}$$

从式 (1.4) 可以看出，热力学效应下当地空化数发生了改变。由于 $\Delta p_{\rm v} = p_{\rm v}(T) - p_{\rm v}(T_\infty) < 0$, $\Delta T = T - T_\infty < 0$, 所以式 (1.4) 中 $\sigma > \sigma_\infty$，即当地空化数升高。可见，相比于常温水流体介质，热力学效应抑制了热力学敏感流体空化的发生。

图 1.1 给出了液氢、液氮流体介质空化压力和液气密度比随温度的变化。当空化区域热力学状态发生改变时，当地介质物理属性将发生较大变化，所以引入与流体介质属性相关的热力学变化参数更有助于预测热力学敏感流体空化特性。

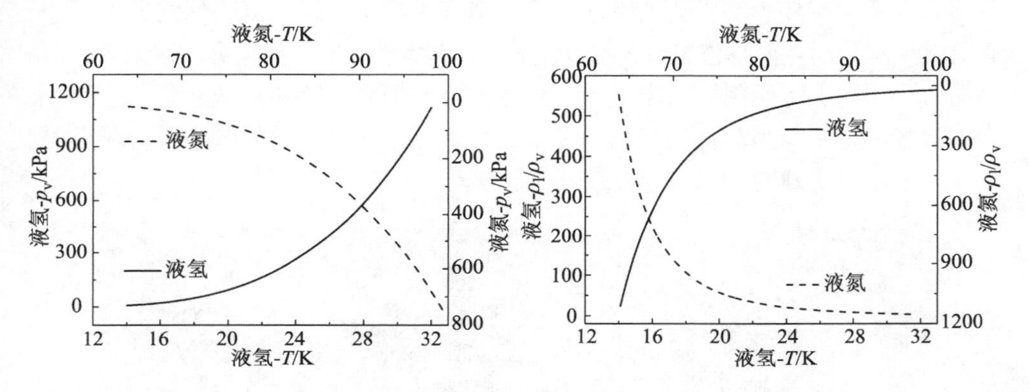


图 1.1 液氢、液氮流体介质空化压力和液气密度比随温度的变化 [8]

式 (1.5) 给出了单位体积流体由液相向气相转换过程中发生温降的特征常数:

$$\Delta T^* = \frac{\rho_{\rm v} L_{\rm ev}}{\rho_{\rm l} c_{\rm pl}} \tag{1.5}$$

式中，$\rho_{\rm v}$ 为流体介质气相密度；$L_{\rm ev}$ 为空化气化潜热；$c_{\rm pl}$ 为流体介质液态比热；$\Delta T^*$ 可用于评估流体空化过程中热力学影响程度。

图 1.2 给出了不同流体介质 $\Delta T^*$ 随温度的变化 [17−19]。从图中数据可知，相

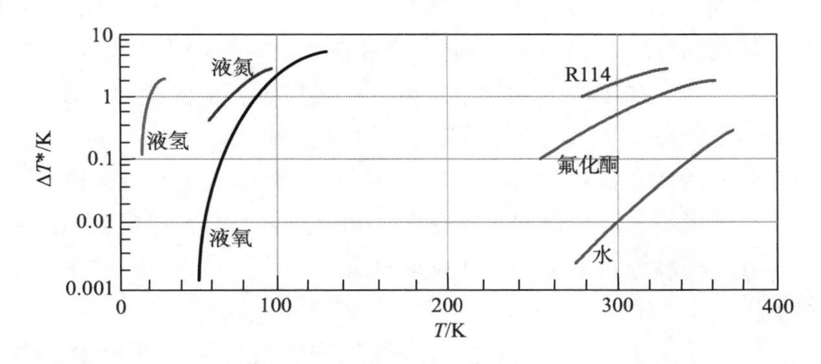


图 1.2 不同温度下液氢、液氧、液氮、R114、氟化酮和水的 $\Delta T^*$ 值 [17−19]

比于其他几种介质, 常温状态下水的 $\Delta T^*$ 值很小, 所以在计算常温水空化时忽略热力学效应的影响。

## 1.2　空化热力学效应试验研究概述

关于空化热力学效应试验研究可追溯到 20 世纪 60 年代。1961 年, Sarosdy 和 Acosta [20] 在一套可加热的循环水洞中开展了氟利昂和水的空化对比试验, 两种不同介质绕圆盘模型空化的空泡形态如图 1.3 所示。通过试验他们发现, 两种介质发生空化时空泡形态特征不同, 水介质形成的空泡形态和轮廓较清晰; 而在氟利昂中, 空泡界面不清晰, 呈泡雾状, 且无论改变试验温度还是试验压力, 都没有出现清晰的空泡。虽然他们指出此种空化区别是由于热力学的影响, 但是当时对此现象未给出明确的物理解释或者数值数据。

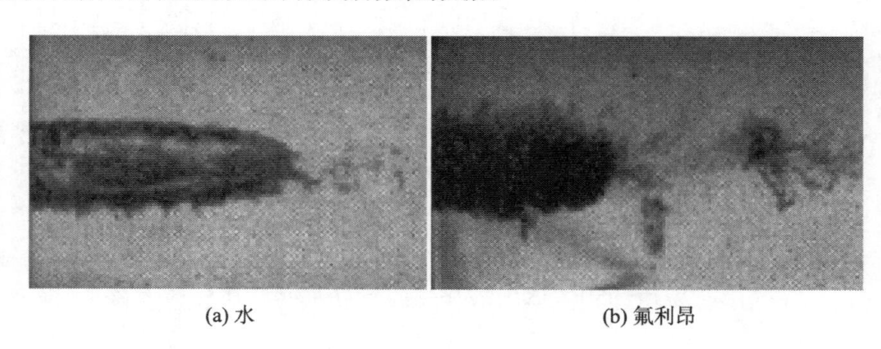

(a) 水　　　(b) 氟利昂

图 1.3　水和氟利昂绕圆盘模型空化的空泡形态 [20]

1969 年, Ruggeri 和 Moore [21] 针对诱导轮和泵进行了大量的试验工作, 最早对空化中热力学影响进行了定量研究。他们对不同温度、旋转速度以及流体介质条件下的空化流动进行了测量和分析, 提出了空化余量的预测方法。其中, 饱和蒸气压与温度之间的关系可以用理想气体状态方程近似评估, 同时评价了不同流体介质在泵中的流动特性, 为后来学者研究空化热力学效应提供了重要参考。

Hord 等 [22−24] 在 1972 ~ 1973 年间开展了较为全面的低温流体 (液氢、液氮) 空化水洞试验, 试验模型主要为不同尺寸的文丘里管、水翼、尖顶拱。试验模型被安装在带有透明观测窗的水洞工作段中, 试验数据通过安装在模型表面的压力和温度传感器来测量。获得的不同空化数和温度下的试验数据被广泛地作为检验数值计算方法准确性的标准。图 1.4 给出了三种几何模型下不同流体介质空化流动试验结果。

Franc 等 [25−27] 在 2001 年 ~ 2004 年采用制冷剂氟利昂 R114 作为热力学敏感流体介质, 进行了诱导轮空化试验研究。前期试验发现, 诱导轮叶片周围空泡长

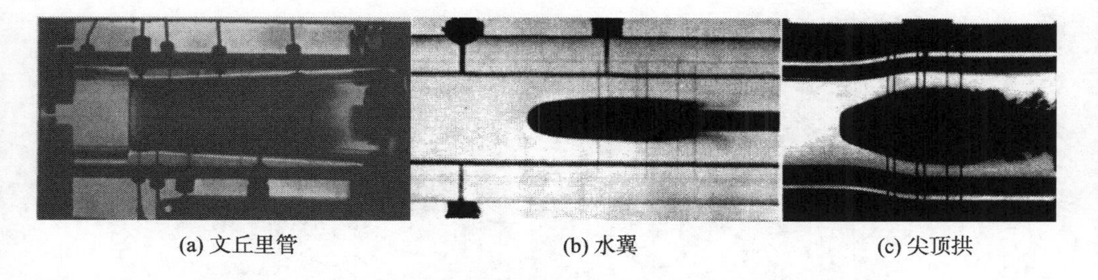

(a) 文丘里管　　(b) 水翼　　(c) 尖顶拱

图 1.4 液氮绕文丘里管、液氢绕水翼和液氢绕尖顶拱试验结果 [22−24]

度随着温度的升高而减小, 图 1.5 给出了三种不同温度下的空泡形态, 由于测试手段的限制, 上述试验结果主要作为可视化的研究。后来他们进行了氟利昂和水空化试验对比, 试验发现在相同工况条件下, 氟利昂的空泡长度较小, 进一步验证了热力学效应抑制了空化的发展。

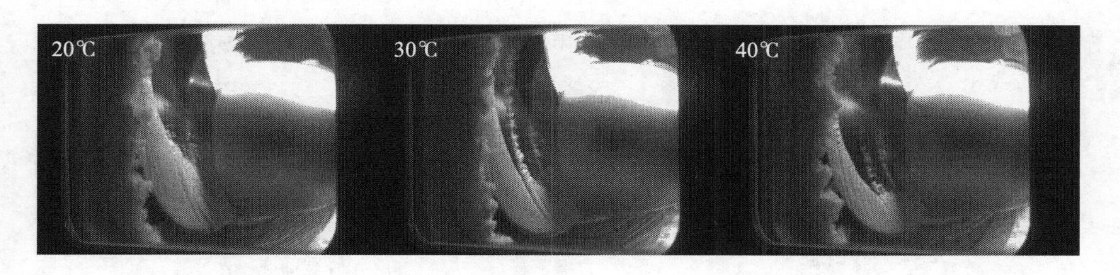


图 1.5 不同温度下的氟利昂绕诱导轮流动空泡形态 [25]

2006 年, Cervone 等 [28] 在热力学空化水洞中针对 NACA0015 模型, 开展了不同攻角、空化数以及温度下的水介质空化试验研究, 通过测量水翼表面压力以及空泡长度等数据, 分析了热力学影响下空化的非定常特性。试验发现, 当空化数相同时, 温度较高的水形成的空泡较厚、较长; 当温度较高时, 出现云空化和超空化现象对应的空化数较大, 从而为判断不同温度下的水介质空化特性提供了有利依据。

2009 年, Niiyama 等 [29] 在日本角田航天中心水洞开展了液氮空化流动试验, 目的是研究湍流流动状态下热力学效应对空化的影响, 图 1.6 给出了空化水洞设备图。试验测量结果进一步证明了热力学效应对空泡发展的延缓和抑制作用, 且随着空化数的减小, 空化区域温降值增加。当空化数相同, 来流速度较小时, 引起的温降值较高。他们结合理论分析和试验结果得出空化区域温降的差异是由空化气泡周围湍流流动引起的。

而后, Niiyama 等 [30] 和 Yoshida[31] 以 NACA16-012 水翼为试验模型, 通过安装在水翼表面的五个温度传感器, 测量了液氮绕水翼空化过程中的温降。通过

图 1.6　空化水洞设备 [29]

试验观测和数据分析, 他们发现在水翼表面形成云状空泡; 随着空化数的减小, 空化区域向水翼下游发展, 且空化区域温降增加; 同时他们也发现当雷诺数较大时, 空泡厚度较小, 这是由于大量的细小气泡抑制了当地湍流强度和温度扩散。不同空化数下水翼表面空泡形态如图 1.7 所示。

(a) $\sigma = 0.63$　(b) $\sigma = 0.78$　(c) $\sigma = 1.19$

图 1.7　三种空化数下液氮绕 NACA16-012 水翼表面空泡形态 [30]

由于液氮和液氢等低温流体介质工作条件的限制, 增加了开展相关水洞试验研究的难度, 所以采用具有相近热力学属性的常温流体代替液氢、液氮等介质进行实验研究可为分析热力学敏感流体空化特性提供便利。美国佛罗里达大学的 Segal[19] 教授建立了一套循环水洞, 如图 1.8(a) 所示。他们采用美国 3M 公司生产的一种热力学敏感流体氟化酮 (fluoroketone) 作为流体介质开展空化流动试验研究, 通过高速摄影技术和翼型表面压力数据的记录, 得到了不同空化数、温度和攻角条件下的氟化酮绕水翼非定常空化流动特性, 分析了非定常空化流场流体动力特性和空泡演变规律, 部分试验结果如图 1.8(b) 所示。

2015 年, Petkovšek 和 Dular [32] 观测了文丘里管模型热力学空化试验, 试验流体介质为 100°C 的水。他们通过红外摄像机记录了不同操作条件下的空化流场平均温度和动态温度分布, 并首次实现了从文丘里模型底部记录空化热力学效

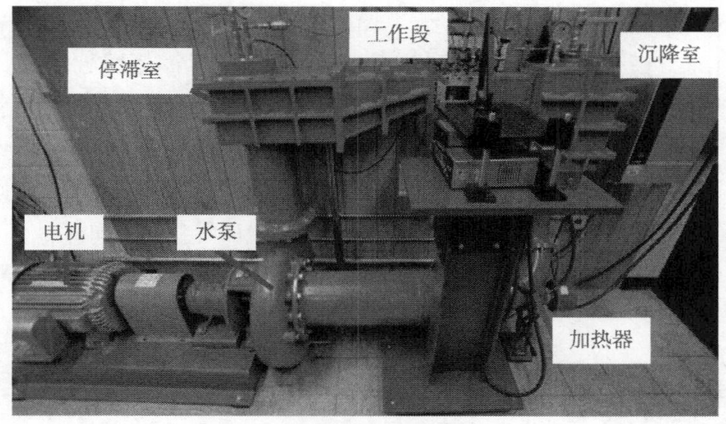


(a) 佛罗里达大学空化水洞

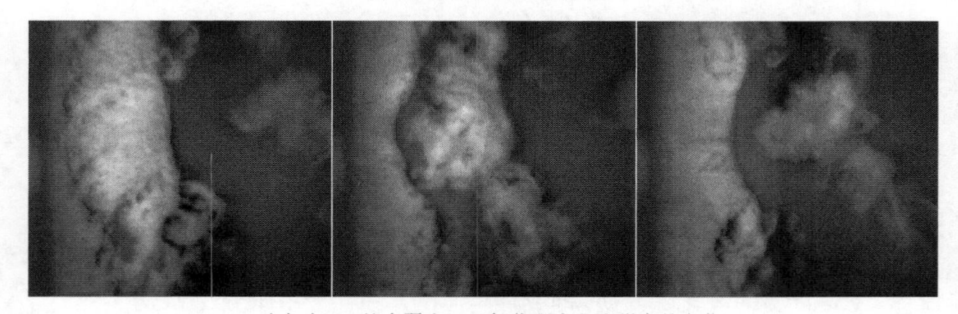

(b) 攻角为7.5°的水翼在35℃氟化酮中空泡形态的变化

图 1.8 空化水洞设备及氟化酮空化试验结果 [19]

应影响, 他们发现在喉部位置温降最大值为 0.5K, 试验测量流场温度分布结果如图 1.9 所示。

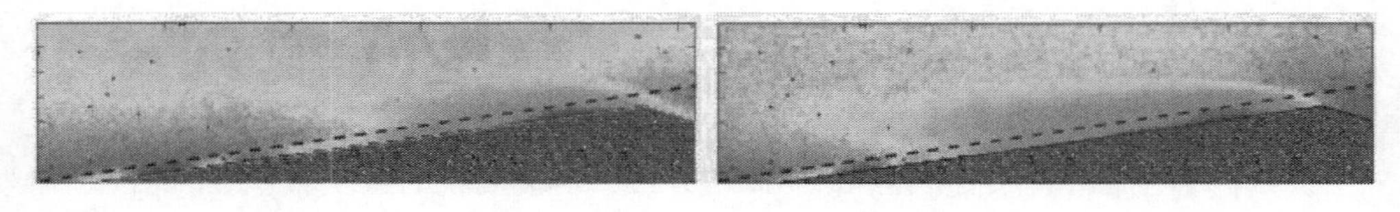

图 1.9 文丘里管模型在高温水介质空化试验温度场分布 [32] (彩图见封底二维码)

随着对空化热力学效应影响的关注, 近几年国内学者也开始开展了热力学敏感流体空化流动的试验研究。2008 年, Huang 和 Zhuang [33] 在较高温度的水中开展了半球形弹体热力学效应下空化流动水洞试验, 通过布置在模型肩部的三个温度传感器的测量, 发现空化发生时肩部空化区域发生温降。2011 年, 浙江大学的曹潇丽 [34] 初步建立了进行低温流体空化流动的文丘里管模型试验平台。2012 年, 北京理工大学的时素果 [35] 采用高速摄像机和粒子成像测速系统 (PIV) 对水翼模型在不同温度水中的空化进行了测量，获得了不同操作条件下各个空化阶段的流场流速和涡量分布；同时应用动态测量系统测量了模型受到的阻力和升力特性，并进行了频谱分析，获得了不同温度下升力非定常空化阶段的频率特征。2015 年，赵东方等 [36] 建立了研究低温流体空化可视化的试验装置，通过高速摄像系统初步获得了清晰的云状空化图像，通过分析图像他们发现，空化区尾部发生周期性脱落，且由于二次流的作用引起空化中心区上下周期性摆动；同时他们也发现，空化程度、空泡脱落频率等现象受文氏管入口压力的影响。试验部分结果如图 1.10 所示。

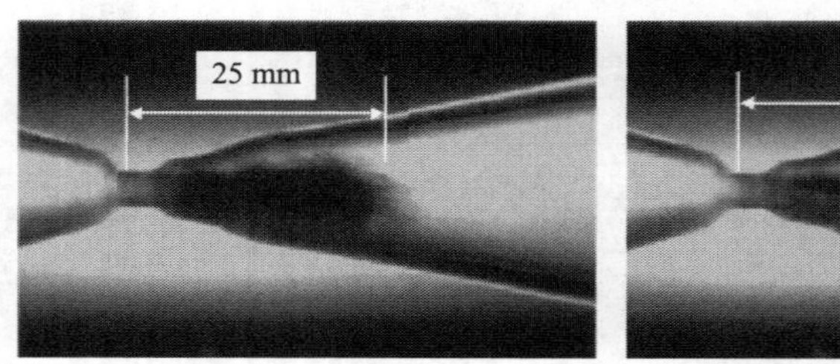

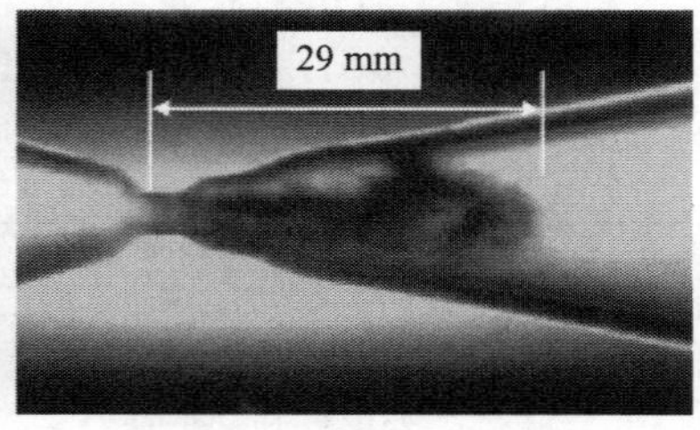


图 1.10　液氮云状汽蚀非稳态形态 [36]

从以上热力学效应影响空化试验研究进展可以看出，无论是液氢、液氮等低温流体，还是常温的氟化酮介质，抑或是高温的水发生空化时都表现出了热力学效应的影响。由于试验设备和条件的限制，所以增加了流场温度和压力等基本数据的测量难度，但是试验可视化的记录使学者对热力学敏感流体空化形态有了清晰的认识，为相关的理论分析和数值计算提供了有利的依据。

## 1.3　空化热力学效应理论研究概述

空化流动热力学效应的理论研究最早可追溯到 20 世纪 50 年代，1956 年，Stahl 和 Stepanoff[37] 基于准静态理论提出了 $B$ 因子方法，通过空化区域的气相与液相的体积比值来估算温降。由于 $B$ 因子是个抽象的量，所以它不能很好地对空化流场热力学影响进行有效预测。后来 Ruggeri 和 Moore [21] 及 Hord [23] 通过考虑流体运动过程中的动力学影响对 $B$ 因子进行了扩展，提出了与 $B$ 因子相关的半经验公式。Holl 等 [38] 基于夹带理论建立了类似的半经验公式，他们将温降与无量纲的流动参数直接联系到一起。这个理论假设汽–液交界面的质量对流可以忽略，而热扩散作为控制空化过程中汽–液交界面分布特性的主要因素。

Franc 等 [27] 提出了不同空化类型的 $B$ 因子表达形式。图 1.11(a) 给出的是气液混合形式的空化类型，空化区域内气相体积分数为 $\alpha_\mathrm{v}$，空泡厚度为 $\delta_\mathrm{c}$，来流速度为 $U_\infty$，则气相的体积变化率 $\dot{v}_\mathrm{v} \approx \alpha_\mathrm{v} U_\infty \delta_\mathrm{c}$，液相的体积变化率 $\dot{v}_\mathrm{l} \approx (1-\alpha_\mathrm{v}) U_\infty \delta_\mathrm{c}$，

从而得到两相混合空化时的 $B$ 因子表达式为

$$B=\frac{\dot{v}_{\mathrm{v}}}{\dot{v}_{\mathrm{l}}}=\frac{\alpha_{\mathrm{v}}}{1-\alpha_{\mathrm{v}}} \tag{1.6}$$

当空化形式为全空化时 (图 1.11(b)), 由于空泡内部没有液体, 空化所吸收的热量只能由空泡周围液体提供。Kato [39] 和 Fruman 等 [40] 对图 1.11 所示的两种空化类型也进行了分析, 通过类似的处理方法得到气相的体积变化率 $\dot{v}_{\mathrm{v}}\approx U_{\infty}\delta_{\mathrm{c}}$。对于全空化形式, 在空泡周围形成一个厚度为 $\delta_{\mathrm{T}}$ 的热力学层, 则液相的体积变化率 $\dot{v}_{\mathrm{l}}\approx U_{\infty}\delta_{\mathrm{T}}$。从而得到全空化状态下的 $B$ 因子表达式:

$$B=\frac{\delta_{\mathrm{c}}}{\delta_{\mathrm{T}}} \tag{1.7}$$

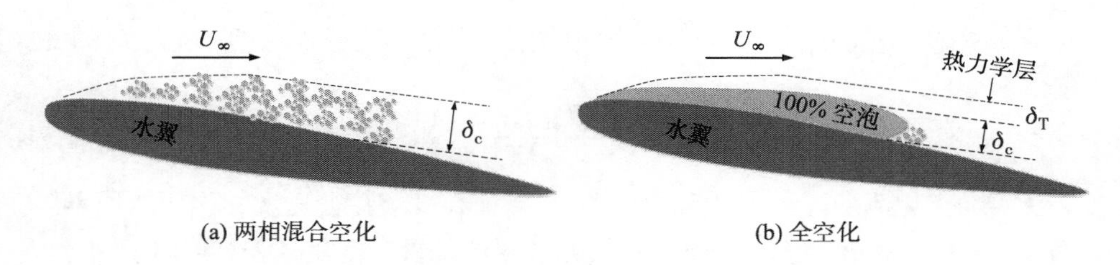


(a) 两相混合空化　　(b) 全空化

图 1.11　基于 $B$ 因子分析的两种空化发展类型

虽然 $B$ 因子可有效预测空化过程中的温降, 但它是基于定常的热平衡方程得到的, 对于非定常或者瞬时流动的预测具有局限性。Deshpande 等 [41] 发现当热力学效应明显时, 饱和蒸气压对空泡形态影响较大, 而 $B$ 因子中并未考虑饱和蒸气压的影响, 所以 $B$ 因子不能很好地预测温降对整个流场和空泡结构的影响。

Brennen[3,42] 基于 Rayleigh-Plesset 汽 (气) 泡动力学方程, 建立了更能反映空化过程中热力学影响的方法。基本 Rayleigh-Plesset 方程为

$$\frac{p_{\mathrm{v}}(T_{\mathrm{c}})-p_{\infty}}{\rho_{\mathrm{l}}}=R_{\mathrm{B}}\frac{\mathrm{d}^2R_{\mathrm{B}}}{\mathrm{d}t^2}+\frac{3}{2}\left(\frac{\mathrm{d}R_{\mathrm{B}}}{\mathrm{d}t}\right)^2 \tag{1.8}$$

式中, $p_{\mathrm{v}}(T_{\mathrm{c}})$ 为泡内压强; $p_{\infty}$ 为远场压强; $R_{\mathrm{B}}$ 为气泡半径; $\rho_{\mathrm{l}}$ 为液体密度。

根据空化过程空泡界面能量平衡, 将空化过程中任何时间内的温降表示为

$$\Delta T\approx\frac{\dot{R}_{\mathrm{B}}\sqrt{t}}{\sqrt{\alpha_{\mathrm{l}}}}\frac{\rho_{\mathrm{v}}L_{\mathrm{ev}}}{\rho_{\mathrm{l}}c_{\mathrm{pl}}} \tag{1.9}$$

温降 $\Delta T$ 是伴随着蒸气压强 $\Delta p_{\mathrm{v}}$ 降低产生的, $\Delta p_{\mathrm{v}}$ 表达式如下:

$$\Delta p_{\mathrm{v}}=p_{\mathrm{v}}(T_{\infty})-p_{\mathrm{v}}(T_{\mathrm{c}})\approx\frac{\mathrm{d}p_{\mathrm{v}}}{\mathrm{d}T}\Delta T \tag{1.10}$$

公式 (1.10) 进一步处理后为

$$\Delta p_{\rm v}=\rho_{\rm l}\Sigma\dot{R}\sqrt{t},\quad \Sigma=\frac{\rho_{\rm v}L_{\rm ev}}{\rho_{\rm l}^2 c_{\rm pl}\sqrt{a_{\rm L}}}\frac{{\rm d}p_{\rm v}}{{\rm d}T} \tag{1.11}$$

从而得到考虑热力学效应的 Rayleigh-Plesset 方程:

$$\left[R_{\rm B}\frac{{\rm d}^2R_{\rm B}}{{\rm d}t^2}+\frac{3}{2}\left(\frac{{\rm d}R_{\rm B}}{{\rm d}t}\right)^2\right]+\Sigma\dot{R}_{\rm B}\sqrt{t}\approx\frac{p_{\rm v}(T_\infty)-p_\infty}{\rho_{\rm l}} \tag{1.12}$$

方程中的热力学项初始值是零, 但是随着时间的推移, 热力学项变得越来越重要。热力学效应对气泡动力学的影响主要体现在 $\Sigma$ 项中, $\Sigma$ 是判断空化过程是否有热力学效应的重要标志。然而热力学项仍可忽略不计, 只要满足

$$\Sigma\dot{R}\sqrt{t}\ll\frac{p_{\rm v}(T_\infty)-p_\infty}{\rho_{\rm l}} \tag{1.13}$$

由于气泡半径的增长率 $\dot{R}$ 与 $\sqrt{(p_{\rm v}(T_\infty)-p_\infty)}/\rho_{\rm l}$ 形式相关, 所以式 (1.12) 的条件就变成

$$t\ll\frac{p_{\rm v}(T_\infty)-p_\infty}{\rho_{\rm l}\Sigma^2} \tag{1.14}$$

在实际空化流动过程中, 特征时间 $t$ 为特征长度与特征速度的比值, 计算后与 $(p_{\rm v}(T_\infty)-p_\infty)/\rho_{\rm l}\Sigma^2$ 比较, 从而确定热力学效应是否对空化过程有影响。

## 1.4　空化热力学效应数值计算研究概述

空化流动试验表明, 热力学效应对空化流动产生了影响, 使空化流动现象变得更加复杂。随着计算机硬件条件和计算流体力学 (CFD) 的发展, 数值计算方法逐渐成为研究热力学敏感流体空化流动问题的重要方式。目前对于空化流动问题的计算方法主要有界面追踪法和两相流法。界面追踪法基于压力的简化准则追踪气液两相交界面, 计算过程中假设空化区域压强等于当地热力学状态下气化压强, 并保持不变。但是界面追踪法对预测存在空泡回射流、溃灭以及脱落的非定常流场适用性较弱 [41,43]。

两相流方法的计算方式又可以分为分相流模型和均相流模型。分相流模型中为了能够很好地描述空化流动中的物理特性, 计算时考虑了两相之间的速度滑移, 各相都有独立的流场, 需对各相的连续性方程、动量方程和能量方程进行求解, 所以在计算过程中求解复杂, 对计算资源要求较高, 且不容易收敛。即便如此, 一些学者仍将该方法用于计算接近定常流动的流体、液氦以及一些高速流动的问题 [44−46]。均相流模型假设两相之间的压力和热力学平衡, 将气液两相混合区看作混合均匀的单相流, 通常认为气液两相之间没有速度滑移, 气液两相享有共同的速度场、压力场以及温度场等 [47−49]。

在空化流动计算中使用均相流模型的关键是计算空化区域的密度场, 基于此方法建立的模型主要分为状态方程模型和输运方程模型。其中前者使用状态方程将混合相的压力与密度耦合在一起。Deshpande 等 [41] 提出正压状态方程模型以后, Chen 和 Heister [50] 发展并建立了以压强和时间为变量的微分方程。Leroux 等 [51] 及 Oliver 和 Astolfi [52] 采用绝对正压状态方程计算了空化区域的密度场。虽然此方法被一些学者成功用于空化流动的计算, 但是由于状态方程方法没有考虑气液两相间的质量传输, 所以不能很好地解释空化流动过程中对流和输运现象 [53−59]。输运方程模型将液相或者气相的流动状态用与体积分数或者质量分数相关的输运方程表征, 输运方程方法假设各相之间具有共同的压力、速度和温度, 并用蒸发率和凝结率来表征气液两相之间的转换。Kubota 等 [60]、Singhal 等 [61]、Merkle 等 [62]、Kunz 等 [63]、Sauer 和 Schnerr [64] 以及 Senocak 和 Shyy [65] 基于此方法建立的表征空化过程蒸发率与凝结率的输运方程对空化流动的数值计算具有较强的适用性。

近些年来, 在空化过程热力学效应影响问题的数值研究方面, 国内外公开的文献有限, 但也积累了一定的成果。Reboud 等 [66] 提出了计算低温流体的部分空化模型, 但是此模型在计算时对试验数据有较强的依赖性, 且不直接求解能量方程, 所以只适用于剪切空化流动。Deshpande 等 [41] 发展了一种提升低温流体空化流动的数值方法, 他们采用基于密度和边界追踪法的预测公式, 并对温度条件和空泡内部的气相流动做了适当简化假设, 通过在空泡表面应用诺依曼 (Neumann) 边界条件, 只对液相域内的温度进行了求解。尽管后来改进了 Desphpande 提出的方法, 但是计算过程中仍没有求解空泡内部的能量方程。Lertnuwat 等 [67] 在 Rayleigh-Plesset 方程中考虑了热力学效应, 并将模拟结果与 DNS 计算结果进行了比较, 吻合性较好。但是此种方法计算的结果在等温和绝热条件下与 DNS 结果差异较大。Rapposelli 和 d'Agostino [68] 凭借结合气泡动力学方程和热力学的关系得到了液氢和液氮的声速, 此方法可以较好地反映气泡动力学特性。

Hosangadi 等 [69,70] 基于密度方法计算了液氢、液氧和液氮绕水翼的空化流动, 初期的结果与试验数据一致性较差, 尤其是在空泡闭合区域。后来他们采用 Merkle[62] 空化模型进一步计算上述工况, 通过与试验数据对比, 修正了液氢和液氮流体绕水翼定常空化流动空化模型中的经验常数。Goel 等 [71,72] 基于代理模型, 分析了空化模型各个参数对目标函数的影响, 得到了优化经验常数后的空化模型, 使空化模型的蒸发源项和凝结源项更好地反映空化过程的质量传输, 但修正后的空化模型计算结果与试验数据仍有差别。Tani 等 [73] 建立了适用于计算低温流体的临界半径模型, 并计算了液氮和液氢绕二维水翼、拉瓦尔喷管以及液氮绕诱导轮的空化流动问题, 数值计算结果与试验数据具有较好的一致性, 但是此模型计算过程中不求解能量方程。Tseng 等 [74,75] 通过修正空化模型经验常数和滤波增强湍流闭合方法, 发展了计算等温和低温流体空化流动的数值方法, 确定了入口湍流强度对计算结果的影响。Kim 等 [76] 通过修改不连续的敏感相建立了计算低温流体空化的两相流数值方法, 并通过与试验数据的对比验证了数值方法的可行性。Thakur 和 Wright[77] 提出称为 Loci-STREAM 的 CFD 方法, 该数值方法可对广泛的网格和物理模型进行求解, 但是还未被大量地验证。Schwille 和 Jackson[78] 将热力学效应引入到空化模型中, 用全热力学影响模型和部分热力学影响模型计算了诱导轮在高温水中的空化流场特性, 通过与试验数据对比, 他们发现全热力学影响模型过度预测了空化区域的温度变化。

对空化流动过程中热力学效应问题, 近年来国内一些学者也开展了相关数值研究, 并取得了一定的成果。浙江大学张小斌等 [79−82] 主要从改进空化模型的方法对液氢、液氧和液氮等介质空化流动进行了数值计算研究; 早期他们采用了全空化模型计算了液氢绕水翼和尖顶拱流动问题, 通过与试验对比验证了数值计算方法, 同时他们也分析了壁面网格划分对湍流流动的影响; 近几年他们分别基于热力学相变理论模拟了 Hord 试验工况, 建立的数值方法对液氢和液氮稳态空化流动具有较强的适用性。朱佳凯等 [83] 基于改进的 Schnerr-Sauer 空化模型中的气泡密度建立了计算模拟液氢和液氮空化流动的数值方法。

西安交通大学的李翠和厉彦忠 [84] 模拟了弯管中液氮空化流动问题, 计算发现弯管内侧较外侧容易发生空化, 且当空化达到稳定后空化流动现象对出口压力和入口速度等参数变化不敏感。

清华大学的季斌等 [85] 基于空化气液质量传输方程, 通过考虑局部气液相含量和热力学效应等参数, 提出了一种计算高温水介质空化的空化模型; 计算了 293K 和 373K 两种温度水物面压强系数, 结果有效地反映了水翼表面空化区域的温度变化。张瑶等 [86] 在考虑热力学影响的条件下, 对 Kubota 空化模型进行了改进, 并计算了 298K 和 373K 两种温度下超小型泵的空化流场; 结果发现高温时热力学效应抑制了空化的发生, 改善了泵的水力学性能。于安等 [87] 在空化模型中考虑了黏度的影响, 提出了计算高温水空化流动的空化模型, 计算了 298 ~ 423K 温度的水空化流动, 改善了数值计算精度。

北京理工大学时素果等 [88−96] 建立了一套计算考虑热力学效应非定常空化的数值方法; 通过与试验结果对比, 评价了 FBM 模型、标准 $k$-$\varepsilon$ 湍流模型和 RNG $k$-$\varepsilon$ 湍流模型的适用性; 同时在对比分析 Kubota, Kunz, Merkle 以及 Singhal 四种空化模型的基础上, 发展了一种考虑热力学效应的空化模型。黄彪等 [97] 对液氢介质属性和空化模型中参数的敏感性进行了分析, 修正了计算液氢空化流动的空化模型参数。陈泰然等 [98−100] 计算了液氢、液氮和热水绕二维水翼的空化流动, 分析了流体介质的热力学属性对空化流动的影响, 他们发现介质的气相密度、比热容和气化潜热对空化区域温降影响较大。

哈尔滨工业大学曹海涛 [101] 通过在能量方程中引入气化潜热的影响, 计算了液氮、液氢两种介质绕文丘里管和水翼的空化流动。佈仁吉日嘎 [102] 计算了热力学因素对空泡形态和流场结构的影响, 结果表明高温的通气空泡尺寸较大, 模型受到的阻力较小。马相孚等 [103–105] 基于 Rayleigh-Plesset 汽 (气) 泡动力学方程, 在 Zwart 空化模型 [106] 中添加了反映空化热力学效应的修正项, 建立了计算低温流体空化的数值方法, 计算了液氢、液氮流体介质绕水翼二维定常和非定常空化流动, 分析了热力学效应对两种介质空化的影响, 确定了空化区域温度、压力、空泡特性和升力阻力与流场参数之间的关系。

孙铁志等 [107–114] 基于均质平衡流模型, 根据热力学敏感流体定常空化流动特点, 评价了修正经验常数和引入热力学效应的空化模型对热力学敏感流体空化流动的适用性, 建立了计算热力学敏感流体定常空化流动的三维数值模拟方法。基于气液两相间的热扩散方程和能量方程给出了考虑热力学效应的修正 Zwart 空化模型, 改进后的 Zwart 空化模型实现了对热力学敏感流体定常空化流场的准确预测, 开展了不同热力学敏感流体定常空化流体特性研究, 掌握了空化热力学效应影响机理。同时基于空化湍流流场非定常流动特点, 对 PANS 湍流模型中控制参数进行了敏感生分析, 建立了计算热力学敏感流体非定常空化流动的三维数值模拟方法, 开展了氟化酮、液氢以及液氮三种介质绕带攻角水翼非定常空化流动研究, 掌握了空化流场非定常空泡演变机理。通过分析空化流场旋涡结构、涡量传输、流体动力、速度矢量以及温度梯度变化等特性, 提示了热力学效应下空化流场空泡生成–发展–脱落–溃灭复杂的演变过程机理。

## 1.5 小　结

空化热力学效应是一个相对较新的研究领域, 在这个领域内国内外学者虽然已经做了一定量的探索工作, 但仍然有很多问题没有得到完整系统的解答。为了能更好地解决工程实际中的问题, 还需要更加准确、全面地预测热力学敏感流体的空化流动特性, 掌握热力学影响下空化流动的规律和机理。

本书主要介绍空化热力学效应的基本特征、数学模型、数值计算方法、定常与非定常数值模拟结果和不同热力学敏感流体间的对比, 本书内容可供高校、研究所的相关科研人员和对空化的热力学效应感兴趣的读者参考。

## 参 考 文 献

[1] Batchelor G K. An Introduction to Fluid Dynamics [M]. Cambridge: Cambridge University Press, 2000.

[2] Utturkar Y, Wu J, Wang G, et al. Recent progress in modeling of cryogenic cavitation for liquid rocket propulsion [J]. Progress in Aerospace Sciences, 2005, 41(7): 558-608.
[3] Brennen C E. Cavitation and Bubble Dynamics [M]. Cambridge: Cambridge University Press, 2013.
[4] 黄继汤. 空化与空蚀原理及应用 [M]. 北京: 清华大学出版社, 1991.
[5] Utturkar Y, Thakur S, Shyy W. Computational Modeling of Thermodynamic Effects in Cryogenic Cavitation [M]. Gainesville: University of Florida, 2005.
[6] Tseng C C. Modeling of turbulent cavitating flows [D]. Ann Arbor: Dissertation of The University of Michigan, 2010: 1, 2.
[7] Watanabe S, Hidaka T, Horiguchi H, et al. Analysis of thermodynamic effects on cavitation instabilities [J]. Journal of Fluids Engineering, 2007, 129(9): 1123-1130.
[8] Lemmon E W, Huber M L, McLinden M O. NIST reference fluid thermodynamic and transport properties–REFPROP [J]. NIST NSRDS, 2002.
[9] Goncalvès E, Patella R F. Numerical study of cavitating flows with thermodynamic effect [J]. Computers & Fluids, 2010, 39(1): 99-113.
[10] Rodio M G, de Giorgi M G, Ficarella A. Influence of convective heat transfer modeling on the estimation of thermal effects in cryogenic cavitating flows [J]. International Journal of Heat and Mass Transfer, 2012, 55(23): 6538-6554.
[11] 马相孚. 低温流体空化特性数值研究 [D]. 哈尔滨: 哈尔滨工业大学, 2013: 2-4.
[12] 付燕霞. 涡轮泵及诱导轮流动不稳定性及空化特性研究 [D]. 镇江: 江苏大学, 2014: 1, 2.
[13] Goirand B, Mertz A L, Joussellin F, et al. Experimental investigations of radial loads induced by partial cavitation with the LH2 Vulcain inducer [J]. NASA STI/Recon Technical Report N, 1992, 93: 18094.
[14] Ryan R S. The space shuttle main engine liquid oxygen pump high-synchronous vibration issue, the problem, the resolution approach, the solution [J]. Space, 1994, 94(31): 53.
[15] Ono A, Warashina S, Tomaru H, et al. Development of cryogenic turbopumps for the LE-7A engine [J]. Ishikawajima Harima Engineering Review, 2003, 43(5): 156-160.
[16] Goel T, Thakur S, Haftka R T, et al. Surrogate model-based strategy for cryogenic cavitation model validation and sensitivity evaluation [J]. International Journal for Numerical Methods in Fluids, 2008, 58(9): 969-1007.
[17] Franc J P. The Rayleigh-Plesset Equation: A Simple and Powerful Tool to Understand Various Aspects of Cavitation [M]. Vienna: Springer Vienna, 2007.
[18] de Giorgi M G, Bello D, Ficarella A. Analysis of thermal effects in a cavitating orifice using Rayleigh equation and experiments [J]. Journal of Engineering for Gas Turbines and Power, 2010, 132(9): 092901.
[19] Kelly S B, Segal C. Experiments in thermosensitive cavitation of a cryogenic rocket propellant [D]. Gainesville: A Dissertation of University of Florida, 2012: 97-99.
[20] Sarosdy L R, Acosta A J. Note on observations of cavitation in different fluids [J]. Transactions of the ASME, 1961, 83(3): 399, 400.
[21] Ruggeri R S ,Moore R D. Method of prediction of pump cavitation performance for various liquids, liquid temperatures and rotation speeds [R]. NASA Technical Note, NASA TN D-5292, 1969.

[22] Hord J, Anderson L M, Hall W J. Cavitation in liquid cryogens Ⅰ-Venturi [R]. NASA, CR-2045, 1972.
[23] Hord J. Cavitation in liquid cryogens Ⅱ-hydrofoil [R]. NASA, CR-2156, 1973.
[24] Hord J. Cavitation in liquid cryogens Ⅲ-ogives [R]. NASA, CR-2242, 1973.
[25] Franc J P, Janson E, Morel P, et al. Visualizations of leading edge cavitation in an inducer at different temperatures [C]. Fourth International Symposium on Cavitation, Pasadena, Canada, 2001: 124-130.
[26] Franc J P, Rebattet C, Coulon A. An experimental investigation of thermal effects in a cavitating inducer [C]. Fifth International Symposium on Cavitation, Osaka, Japan, 2003: 63-71.
[27] Franc J P, Rebattet C, Coulon A. An experimental investigation of thermal effects in a cavitating inducer [J]. Journal of Fluids Engineering, 2004, 126(5): 716-723.
[28] Cervone A, Bramanti C, Rapposelli E, et al. Thermal cavitation experiments on a NACA 0015 hydrofoil [J]. ASME, 2006, 128: 326-331.
[29] Niiyama K, Hasegawa S I, Tsuda S, et al. Thermodynamic effects on cryogenic cavitating flow in an orifice [C]. Proceedings of the 7th International Symposium on Cavitation, CAV2009-Paper No. 36, 2009: 1-7.
[30] Niiyama K, Yoshida Y, Hasegawa S, et al. Experimental investigation of thermodynamic effect on cavitation in liquid nitrogen [C]. Proceedings of the Eighth International Symposium on Cavitation (CAV2012), 2012: 153-157.
[31] Yoshida Y, Kikuta K, Niiyama K, et al. Thermodynamic parameter on cavitation in space inducer [C]. ASME 2012 Fluids Engineering Division Summer Meeting collocated with the ASME 2012 Heat Transfer Summer Conference and the ASME 2012 10th International Conference on Nanochannels, Microchannels, and Minichannels, American Society of Mechanical Engineers, 2012: 203-213.
[32] Petkovšek M, Dular M. Experimental study of the thermodynamic effect in a cavitating flow on a simple Venturi geometry [J]. Journal of Physics: Conference Series, IOP Publishing, 2015, 656(1): 012179.
[33] Huang D G, Zhuang Y Q. Temperature and cavitation [J]//Whalley R, Ebrahimi M, Abdul-Ameer A A. Proceedings of the Institution of Mechanical Engineers, Part C. Journal of Mechanical Engineering Science, 2008, 222(2): 207-211.
[34] 曹潇丽. 低温流体汽蚀的 CFD 模拟及实验研究 [D]. 杭州: 浙江大学,2011: 52-60.
[35] 时素果. 空化热力学效应及数值计算模型研究 [D]. 北京: 北京理工大学,2012: 17-105.
[36] 赵东方, 朱佳凯, 徐璐, 等. 文氏管中低温流体汽蚀过程可视化实验研究 [J]. 低温工程,2015, 06: 56-61.
[37] Stahl H A, Stepanoff A J. Thermodynamic aspects of cavitation in centrifugal pumps [J]. Trans. ASME, 1956, (78): 1691-1693.
[38] Holl J W, Billet M L, Weir D S. Thermodynamic effects on developed cavitation [J]. Journal of Fluids Engineering, 1975, 97(4): 507-513.
[39] Kato H. Thermodynamic effect on incipient and developed sheet cavitation [C]. International Symposium on Cavitation Inception, FED-Vol. 16, New Orleans, LA, 1984: 127-136.

[40] Fruman D H, Reboud J L, Stutz B. Estimation of thermal effects in cavitation of thermosensible liquids [J]. International Journal of Heat and Mass Transfer, 1999, 42(17): 3195-3204.

[41] Deshpande M, Feng J, Merkle C L. Numerical modeling of the thermodynamic effects of cavitation [J]. Journal of Fluids Engineering, 1997, 119(2): 420-427.

[42] Brennen C E. Hydrodynamics of Pumps [M]. Cambridge: Cambridge University Press, 2011.

[43] Stutz B, Reboud J L. Two-phase flow structure of sheet cavitation [J]. Physics of Fluids 1997, 9(12): 3678-3686.

[44] Zein A, Hantke M, Warnecke G. Modeling phase transition for compressible two-phase flows applied to metastable liquids [J]. Journal of Computational Physics, 2010, 229(8): 2964-2998.

[45] Ishimoto J, Kamijo K. Numerical study of cavitating flow characteristics of liquid helium in a pipe [J]. International Journal of Heat and Mass Transfer, 2004, 47(1): 149-163.

[46] Petitpas F, Massoni J, Saurel R, et al. Diffuse interface model for high speed cavitating underwater systems [J]. International Journal of Multiphase Flow, 2009, 35(8): 747-759.

[47] Ahuja V, Hosangadi A, Arunajatesan S. Simulations of cavitating flows using hybrid unstructured meshes [J]. Journal of Fluids Engineering, 2001, 123(2): 331-340.

[48] Ji B, Luo X, Arndt R E A, et al. Numerical simulation of three dimensional cavitation shedding dynamics with special emphasis on cavitation-vortex interaction [J]. Ocean Engineering, 2014, 87: 64-77.

[49] Ji B, Luo X, Wu Y, et al. Numerical analysis of unsteady cavitating turbulent flow and shedding horse-shoe vortex structure around a twisted hydrofoil [J]. International Journal of Multiphase Flow, 2013, 51: 33-43.

[50] Chen Y, Heister S D. A numerical treatment for attached cavitation [J]. Journal of Fluids Engineering, 1994, 116(3): 613-618.

[51] Leroux J B, Coutier-Delgosha O, Astolfi J A. A joint experimental and numerical study of mechanisms associated to instability of partial cavitation on two-dimensional hydrofoil [J]. Physics of Fluids, 2005, 17: 052101.

[52] Oliver C D, Astolfi J A. A numerical prediction of the cavitation flow on a two-dimensional symmetrical hydrofoil with a single fluid model [C]. Fifth international symposium on cavitation, Osaka, Japan, Cav03-OS-1-013, 2003.

[53] Saurel R, Cocchi P, Butler P B. Numerical study of cavitation in the wake of a hypervelocity underwater projectile [J]. Journal of Propulsion and Power, 1999, 15(4): 513-522.

[54] Barre S, Rolland J, Boitel G, et al. Experiments and modeling of cavitating flows in venturi: attached sheet cavitation [J]. European Journal of Mechanics-B/Fluids, 2009, 28(3): 444-464.

[55] Goncalvès E, Patella R F. Numerical study of cavitating flows with thermodynamic effect [J]. Computers & Fluids, 2010, 39(1): 99-113.

[56] Clerc S. Numerical simulation of the homogeneous equilibrium model for two-phase flows [J]. Journal of Computational Physics, 2000, 161(1): 354-375.

[57] Coutier-Delgosha O, Reboud J L, Delannoy Y. Numerical simulation of the unsteady behaviour of cavitating flows [J]. International Journal for Numerical Methods in Fluids, 2003, 42(5): 527-548.
[58] Goncalvès E, Patella R F, Rolland J, et al. Thermodynamic effect on a cavitating inducer in liquid hydrogen [J]. Journal of Fluids Engineering, 2010, 132(11): 111305.
[59] Sinibaldi E, Beux F, Salvetti M V. A numerical method for 3D barotropic flows in turbomachinery [J]. Flow, Turbulence and Combustion, 2006, 76(4): 371-381.
[60] Kubota A, Kato H, Yamaguchi H. A new modeling of cavitating flows: a numerical study of unsteady cavitation on a hydrofoil section [J]. Journal of Fluid Mechanics, 1992, 240(1): 59-96.
[61] Singhal A K, Athavale M M, Li H, et al. Mathematical basis and validation of the full cavitation model [J]. Journal of Fluids Engineering, 2002, 124(3): 617-624.
[62] Merkle C L, Feng J, Buelow P E O. Computational modeling of the dynamics of sheet cavitation [C]. 3rd International Symposium on Cavitation, Grenoble, France, 1998, 2: 47-54.
[63] Kunz R F, Boger D A, Stinebring D R, et al. A preconditioned Navier-Stokes method for two-phase flows with application to cavitation prediction[J]. Computers & Fluids, 2000, 29(8): 849-875.
[64] Sauer J, Schnerr G H. Unsteady cavitating flow- a new cavitation model based on a modified front capturing method and bubble dynamics [C]. Proceedings of 2000 ASME Fluid Engineering Summer Conference, Boston, MA, June 11-15, 2000.
[65] Senocak I, Shyy W. Interfacial dynamics-based modelling of turbulent cavitating flows, part-1: Model development and steady-state computations [J]. International Journal for Numerical Methods in Fluids, 2004, 44(9): 975-995.
[66] Reboud J L, Sauvage-Boutar E, Desclaux J. Partial cavitation model for cryogenic fluids [C]. Cavitation and Multiphase Flow Forum, Toronto, Canada, 1990: 75-80.
[67] Lertnuwat B, Sugiyama K, Matsumoto Y. Modeling of the thermal behavior inside a bubble [EB/OL]. http://resolver. caltech. edu/cav2001: sessionB6. 002, 2001.
[68] Rapposelli E, d'Agostino L. A barotropic cavitation model with thermodynamic effects [C]. Fifth International. Symposium on Cavitation, CAV2003, Osaka, Japan, Nov. 2003: 1-4.
[69] Hosangadi A, Ahuja V, Ungewitter R J. Generalized numerical framework for cavitation in inducers [C]. ASME/JSME 2003 4th Joint Fluids Summer Engineering Conference, American Society of Mechanical Engineers, 2003: 1239-1249.
[70] Hosangadi A, Ahuja V. Numerical study of cavitation in cryogenic fluids [J]. Journal of Fluids Engineering, 2005, 127(2): 267-281.
[71] Goel T, Zhao J, Thakur S, et al. Surrogate model-based strategy for cryogenic cavitation model validation and sensitivity evaluation [C]. 42nd AIAA/ASME/SAE/ASEE Joint Propulsion Conference & Exhibit, Sacramento, California, 2006: 1-31.
[72] Goel T, Thakur S, Haftka R T, et al. Surrogate model-based strategy for cryogenic cavitation model validation and sensitivity evaluation [J]. International Journal for Numerical Methods in Fluids, 2008, 58(9): 969-1007.

[73] Tani N, Tsuda S, Yamanishi N, et al. Development and validation of new cryogenic cavitation model for rocket turbopump inducer [C]. Proceedings of the 7th International Symposium on Cavitation, Ann Arbor, Michigan, USA, August 17-22, 2009.
[74] Tseng C C, Shyy W. Modeling for isothermal and cryogenic cavitation [J]. International Journal of Heat and Mass Transfer, 2010, 53(1): 513-525.
[75] Tseng C C, Wei Y, Wang G, et al. Modeling of turbulent, isothermal and cryogenic cavitation under attached conditions [J]. Acta Mechanica Sinica, 2010, 26(3): 325-353.
[76] Kim H, Min D, Kim C. Efficient and accurate computations of cryogenic cavitating flows around turbopump inducer [C]. 21st AIAA Computational Fluid Dynamics Conference, 2013: 24-26.
[77] Thakur S, Wright J. Cavitation modeling for cryogenic flows using a rule-based framework [C]. 52nd Aerospace Sciences Meeting, 2014: 0442.
[78] Schwille J A, Jackson D E. Models for cyrogenic cavitation in rotating turbomachinery [C]. 53rd AIAA Aerospace Sciences Meeting, 2015: 0470.
[79] Zhang X B, Qiu L M, Qi H, et al. Modeling liquid hydrogen cavitating flow with the full cavitation model [J]. International Journal of Hydrogen Energy, 2008, 33(23): 7197-7206.
[80] Zhang X B, Qiu L M, Gao Y, et al. Computational fluid dynamic study on cavitation in liquid nitrogen [J]. Cryogenics, 2008, 48(9): 432-438.
[81] 张小斌, 曹潇丽, 邱利民, 等. 液氧文氏管汽蚀特性计算流体力学研究 [J]. 化工学报, 2009, 07: 1638-1643.
[82] Zhang X B, Wu Z, Xiang S J, et al. Modeling cavitation flow of cryogenic fluids with thermodynamic phase-change theory [J]. Chinese Science Bulletin, 2013, 58(4-5): 567-574.
[83] Zhu J K, Chen Y, Zhao D F, et al. Extension of the Schnerr–Sauer model for cryogenic cavitation [J]. European Journal of Mechanics-B/Fluids, 2015, 52: 1-10.
[84] 李翠, 厉彦忠. 低温流体经过弯管时的空化现象分析 [J]. 低温工程, 2008, (002): 4-9.
[85] 季斌, 罗先武, 吴玉林, 等. 考虑热力学效应的高温水空化模拟 [J]. 清华大学学报: 自然科学版, 2010, (2): 262–265.
[86] 张瑶, 罗先武, 许洪元, 等. 热力学空化模型的改进及数值应用 [J]. 工程热物理学报, 2010, (010): 1671–1674.
[87] Yu A, Luo X W, Ji B, et al. Cavitation simulation with consideration of the viscous effect at large liquid temperature variation [J]. Chinese Physics Letters, 2014, 31(8): 086401.
[88] 时素果, 王国玉, 陈广豪. 质量传输模型在考虑热力学效应空化流动计算中的应用评价 [J]. 应用力学学报, 2011, 06: 589-594, 672.
[89] 时素果, 王国玉. 一种修正的低温流体空化流动计算模型 [J]. 力学学报, 2012, 02: 269-277.
[90] 时素果, 王国玉, 权晓波, 等. 滤波器湍流模型在低温流体空化流动数值计算中的应用 [J]. 兵工学报, 2012, 04: 451-458.
[91] 时素果, 王国玉, 马瑞远. 低温流体空化特性的数值计算研究 [J]. 工程力学, 2012, 05: 61-67.
[92] 时素果, 王国玉, 胡常莉. 热力学效应对液氮空化流动的影响 [J]. 北京理工大学学报, 2012, 05: 484-487, 534.
[93] 时素果, 王国玉, 赵宇, 等. 空化热力学效应对相间质量传输过程的影响 [J]. 北京理工大学学报, 2012, 09: 926-931.

[94] 时素果, 王国玉, 陈广豪, 等. 热力学效应对非定常空化流动结构影响的实验研究 [J]. 船舶力学, 2013, 04: 327-335.
[95] 时素果, 王国玉, 胡常莉, 等. 不同温度水体空化水动力脉动特性的试验研究 [J]. 机械工程学报, 2014, 08: 174-181.
[96] Shi S G, Wang G Y, Hu C L. A Rayleigh-Plesset based transport model for cryogenic fluid cavitating flow computations [J]. Science China Physics, Mechanics and Astronomy, 2014, 57(4): 764-773.
[97] Huang B, Wu Q, Wang G. Numerical investigation of cavitating flow in liquid hydrogen [J]. International Journal of Hydrogen Energy, 2014, 39(4): 1698-1709.
[98] Chen T R, Wang G Y, Huang B, et al. Numerical study of thermodynamic effects on liquid nitrogen cavitating flows [J]. Cryogenics, 2015, 70: 21-27.
[99] Chen T R, Huang B, Wang G Y, et al. Effects of fluid thermophysical properties on cavitating flows [J]. Journal of Mechanical Science and Technology, 2015, 29(10): 4239-4246.
[100] Chen T R, Wang G Y, Huang B, et al. Effects of physical properties on thermo-fluids cavitating flows [J]. Journal of Physics: Conference Series, IOP Publishing, 2015, 656(1): 012181.
[101] 曹海涛. 低温条件下空化流动特性数值研究 [D]. 哈尔滨: 哈尔滨工业大学, 2010.
[102] 佈仁吉日嘎. 通气空泡热效应数值模拟研究 [D]. 哈尔滨: 哈尔滨工业大学, 2012.
[103] Ma X F, Wei Y J, Wang C, et al. Numerical Simulation of Liquid Nitrogen around Hydrofoil Cryogenic Cavitation [C]. 2012 International Conference on Mechanical Engineering and Materials, ICMEM 2012, 1760–1765 (EI:20120814793266).
[104] Ma X F, Wei Y J, Wang C, et al. Simulation of liquid nitrogen around hydrofoil cavitation flow [J]. Journal of Ship Mechanics, 2012, 16(12): 1345-1352.
[105] 马相孚, 魏英杰, 王聪, 等. 温度对液氢绕水翼非定常空泡流影响的数值研究 [J]. 水动力学研究与进展 A 辑, 2013, 02: 190-196.
[106] Zwart P J, Gerber A G, Belamri T. A two-phase flow model for predicting cavitation dynamics [C]. Fifth International Conference on Multiphase Flow, Yokohama, Japan, 2004.
[107] Sun T Z, Wei Y J, Wang C, et al. Three-dimensional numerical simulation of cryogenic cavitating flows of liquid nitrogen around hydrofoil [J]. Journal of Ship Mechanics, 2014, 18(12): 1434-1443.
[108] Sun T Z, Wei Y J, Wang C. Prediction of cryogenic cavitation around hydrofoil by an extensional Schnerr-Sauer cavitation model [C]. 9th International Symposium on Cavitation (CAV 2015), Lausanne, Switzerland, 2015.
[109] Sun T Z, Wei Y J, Wang C. Computational analyses of cavitating flows in cryogenic liquid hydrogen [J]. Journal of Harbin Institute of Technology (New Series), 2016, 23(05): 1-7.
[110] Sun T Z, Ma X F, Wei Y J, et al. Computational modeling of cavitating flows in liquid nitrogen by an extended transport-based cavitation model [J]. Science China-Technological Sciences, 2016, 59(2): 337-346.
[111] 孙铁志, 魏英杰, 王聪. 液氢和液氮绕水翼空化流动特性分析 [J]. 哈尔滨工业大学学报, 2016, 48(08): 141-146.

[112] 孙铁志, 魏英杰, 王聪, 等. 空化模型在低温流体空化流动三维计算中的应用与评价 [J]. 船舶力学,2018, 22(01): 22-30.

[113] Sun T Z, Zong Z, Wei Y J, et al. Modeling and computation of unsteady cavitating flows involved thermal effects using partially averaged Navier-Stokes method [J]. International Journal of Computational Methods, 2018: 1850095.

[114] Sun T Z, Zong Z, Zou L, et al. Numerical investigation of unsteady sheet/cloud cavitation over a hydrofoil in thermo-sensitive fluid [J]. Journal of Hydrodynamics, 2017, 29(6): 987-999.

# 第 2 章　空化流动数值计算基本方法

如前面章节所述, 热力学效应下空化流动是一个涉及相变、湍流、热量传递等现象的复杂流体动力学问题。早期研究主要以试验手段观测和分析热力学效应下的空化流动过程, 由于开展相关方面试验研究难度大, 通过试验方法得到的空化区域流场数据非常有限。近些年随着计算机硬件水平的发展, 采用数值模拟技术已逐渐成为研究空化流动问题的重要手段。本章介绍有关通过数值手段研究热力学敏感流体空化流动问题的基本方法, 主要包括基于均质平衡流理论的复杂相变流动过程基本控制方程、空化模型和湍流模型等。

## 2.1　基本控制方程

均质平衡流模型 [1] 假设两相之间具有较强的耦合性, 并以相同的速度分量共同运动。气液两相之间假设极为接近, 使得热传递会在瞬间发生以维持热力学平衡, 而且各相随压力变化表现为准静态行为, 所以气液两相具有共同的温度场和压力场。均质平衡流模型认为两相流场由密度可变的单一介质组成, 求解过程中得到全流场每个控制单元各相所占的体积率来获得混合区内的密度, 其中混合相的密度表达式为

$$\rho_{\mathrm{m}}=(1-\alpha_{\mathrm{l}})\rho_{\mathrm{v}}+\alpha_{\mathrm{l}}\rho_{\mathrm{l}} \tag{2.1}$$

式中, $\rho_{\mathrm{m}}$ 为混合相密度; $\rho_{\mathrm{l}}$ 为液相密度; $\rho_{\mathrm{v}}$ 为气相密度; $\alpha_{\mathrm{l}}$ 为液相体积分数。

热力学效应下空化流动过程遵循物质运动的质量守恒、动量守恒和能量守恒定律, 通过各守恒量的平衡关系推导得出对应的微分方程。下面具体介绍基本控制方程的表达式。

**质量守恒方程**

质量守恒在流体中用连续性方程表达, 其形式为

$$\frac{\partial \rho_{\mathrm{m}}}{\partial t}+\frac{\partial(\rho_{\mathrm{m}}u_i)}{\partial x_i}=0 \tag{2.2}$$

式中, $t$ 为时间; $x_i$ 为笛卡儿坐标; $u_i$ 为笛卡儿坐标系下的速度分量 ($i=1,2,3$, 下同)。

**动量守恒方程**

从动量定理出发推导得出的动量方程微分形式为

$$\frac{\partial(\rho_{\mathrm{m}}u_i)}{\partial t}+\frac{\partial(\rho_{\mathrm{m}}u_iu_j)}{\partial x_j}=-\frac{\partial p}{\partial x_i}+\frac{\partial \tau_{ij}}{\partial x_j}+S \tag{2.3}$$

式中, $p$ 为压力; $\tau_{ij}$ 为黏性剪切应力; $S$ 为由体积力产生或用户自定义的源项。

黏性剪切应力 $\tau_{ij}$ 表达式为

$$\tau_{ij}=\mu_{\mathrm{m}}\left[\left(\frac{\partial u_i}{\partial x_j}+\frac{\partial u_j}{\partial x_i}\right)-\frac{2}{3}\delta_{ij}\frac{\partial u_k}{\partial x_k}\right] \tag{2.4}$$

式中, $\mu_{\mathrm{m}}$ 为混合黏度; $\delta_{ij}$ 为 Kronecker 符号 (当 $i=j$ 时, $\delta_{ij}=1$; 当 $i\neq j$ 时, $\delta_{ij}=0$); 下标 m 表示混合相。

**能量守恒方程**

由于热力学影响下空化区域会发生温度的降低, 为计算空化流动过程的温度变化, 需求解能量方程, 其表达形式为

$$\frac{\partial(\rho_{\mathrm{m}}c_{\mathrm{pl}}T)}{\partial t}+\frac{\partial}{\partial x_j}(\rho_{\mathrm{m}}u_jc_{\mathrm{pl}}T)=\nabla\cdot(k_{\mathrm{eff}}\nabla T)+S_{\mathrm{E}} \tag{2.5}$$

式中, $S_{\mathrm{E}}$ 为空化引起的流场能量的改变量, 在求解过程中以能量源项的形式表示:

$$S_{\mathrm{E}}=-\frac{\partial(\rho_{\mathrm{m}}f_{\mathrm{v}}L_{\mathrm{ev}})}{\partial t}-\frac{\partial(\rho_{\mathrm{m}}u_jf_{\mathrm{v}}L_{\mathrm{ev}})}{\partial x_j} \tag{2.6}$$

$k_{\mathrm{eff}}$ 为有效热传导率:

$$k_{\mathrm{eff}}=k_{\mathrm{m}}+k_t \tag{2.7}$$

$c_{\mathrm{pl}}$ 为定压比热; $T$ 为温度; $f_{\mathrm{v}}=\rho_{\mathrm{v}}\alpha_{\mathrm{v}}/\rho_{\mathrm{m}}$ 为气相质量分数; $L_{\mathrm{ev}}$ 为气化潜热。

对于空化流动问题, 上述方程组中未知量 (速度、压力、温度和密度) 的数量多于方程个数 (质量守恒方程、动量守恒方程和能量守恒方程), 所以需要建立混合相密度与其他物理量之间的关系对空化流场未知量进行求解。下面介绍的空化模型通过求解空化区域各相体积分数来得到混合介质的密度。

## 2.2 空化模型

在物理上, 空化过程是由热力学和动力学约束的相变过程。目前应用比较广泛的是通过建立气液两相之间的输运关系来描述空化相变过程, 即用蒸发源项和凝结源项来表征两相之间的转换, 通过求解输运方程来获得空化区域两相体积分数分布, 下面简要介绍本书应用的空化模型。

### 2.2.1 Merkle 空化模型

Merkle 空化模型 [2] 假设了气液两相之间的转化率与当地局部压力差成比例，且引入了流场特征时间和速度对空化效应的控制，其输运方程表达式为

$$\frac{\partial \alpha_{\mathrm{l}}}{\partial t}+\frac{\partial(\alpha_{\mathrm{l}} u_i)}{\partial x_i}=\dot{m}^{+}-\dot{m}^{-} \tag{2.8}$$

式中，$\alpha_{\mathrm{l}}$ 为液相体积分数；$\dot{m}^{-}$ 为单位时间内由液相向气相转化的蒸发源项；$\dot{m}^{+}$ 为单位时间内由气相向液相转化的凝结源项。

Merkle 模型中蒸发源项 $\dot{m}^{-}$ 和凝结源项 $\dot{m}^{+}$ 的具体表达式为

$$\dot{m}^{-}=\frac{C_{\mathrm{dest}}\rho_{\mathrm{l}}\alpha_{\mathrm{l}}\min[0,p-p_{\mathrm{v}}(T_{\infty})]}{(0.5\rho_{\mathrm{l}}U_{\infty}^2)\rho_{\mathrm{v}}t_{\infty}},\quad p\leqslant p_{\mathrm{v}}(T_{\infty}) \tag{2.9}$$

$$\dot{m}^{+}=\frac{C_{\mathrm{prod}}\max[0,p-p_{\mathrm{v}}(T_{\infty})](1-\alpha_{\mathrm{l}})}{(0.5\rho_{\mathrm{l}}U_{\infty}^2)t_{\infty}},\quad p>p_{\mathrm{v}}(T_{\infty}) \tag{2.10}$$

式中，$p_{\mathrm{v}}(T_{\infty})$ 为当地热力学条件下的气化压强；$C_{\mathrm{dest}}$ 和 $C_{\mathrm{prod}}$ 分别为基于水介质空化试验验证的数值计算经验常数，其值分别为 $C_{\mathrm{dest}}=1.0$ 和 $C_{\mathrm{prod}}=80$；特征时间 $t_{\infty}$ 为特征长度与参考速度 $U_{\infty}$ 的比值。

### 2.2.2 Kunz 空化模型

Kunz 空化模型 [3] 通过求解液相的体积分数来获得混合密度，其基本输运方程形式为

$$\frac{\partial \alpha_{\mathrm{l}}}{\partial t}+\frac{\partial(\alpha_{\mathrm{l}} u_i)}{\partial x_i}=\frac{1}{\rho_l}\left(\dot{m}^{+}-\dot{m}^{-}\right) \tag{2.11}$$

Kunz 模型中通过两种不同策略建立气液两相质量传输率，蒸发源项主要依赖于环境压力与饱和蒸气压的差值，而凝结源项主要是液相体积分数的函数，二者基本表达式为

$$\dot{m}^{-}=\frac{C_{\mathrm{dest}}\rho_{\mathrm{v}}\alpha_{\mathrm{l}}\min[0,p-p_{\mathrm{v}}(T_{\infty})]}{(0.5\rho_{\mathrm{l}}U_{\infty}^2)t_{\infty}},\quad p\leqslant p_{\mathrm{v}}(T_{\infty}) \tag{2.12}$$

$$\dot{m}^{+}=\frac{C_{\mathrm{prod}}\rho_{\mathrm{v}}\alpha_{\mathrm{l}}^2(1-\alpha_{\mathrm{l}})}{t_{\infty}},\quad p>p_{\mathrm{v}}(T_{\infty}) \tag{2.13}$$

其中，参考文献 [3] 给出经验常数值 $C_{\mathrm{dest}}=100$ 和 $C_{\mathrm{prod}}=100$。

### 2.2.3 Zwart 空化模型

Zwart 空化模型 [4] 建立了空化流场内关于蒸气相体积分数 $\alpha_{\mathrm{v}}$ 的输运方程，其输运方程基本表达式如下:

$$\frac{\partial(\rho_{\mathrm{v}}\alpha_{\mathrm{v}})}{\partial t}+\frac{\partial(\rho_{\mathrm{v}}\alpha_{\mathrm{v}}u_i)}{\partial x_i}=\dot{m}^{+}-\dot{m}^{-} \tag{2.14}$$

Zwart 空化模型基于 Rayleigh-Plesset 方程推导得到, Rayleigh-Plesset 方程简称为 R-P 方程, 最早由 Rayleigh[5] 在 1917 年对单一球形空泡推导得到, 后来由 Plesset[6] 应用到游移空泡中。考虑表面张力和黏性力的 R-P 方程表达式为

$$R_{\mathrm{B}}\frac{\mathrm{d}^2R_{\mathrm{B}}}{\mathrm{d}t^2}+\frac{3}{2}\left(\frac{\mathrm{d}R_{\mathrm{B}}}{\mathrm{d}t}\right)^2+\frac{4\mu_{\mathrm{l}}}{R_{\mathrm{B}}}\frac{\mathrm{d}R_{\mathrm{B}}}{\mathrm{d}t}+\frac{2\zeta}{\rho_{\mathrm{l}}R_{\mathrm{B}}}=\frac{p_{\mathrm{v}}(T_\infty)-p}{\rho_{\mathrm{l}}} \tag{2.15}$$

式中, $R_{\mathrm{B}}$ 为汽 (气) 泡半径; $\mu_{\mathrm{l}}$ 为液相的湍流动黏度; $\zeta$ 为气液两相之间的表面张力系数。忽略公式 (2.15) 中的二次项和表面张力项可得到气泡的半径变化率:

$$\frac{\mathrm{d}R_{\mathrm{B}}}{\mathrm{d}t}=\sqrt{\frac{2}{3}\frac{(p_{\mathrm{v}}(T_\infty)-p)}{\rho_{\mathrm{l}}}} \tag{2.16}$$

单位体积内的气泡数量 $N_{\mathrm{b}}$ 取决于相变方向, 图 2.1 给出了相变过程中气液两相间转化过程示意图。

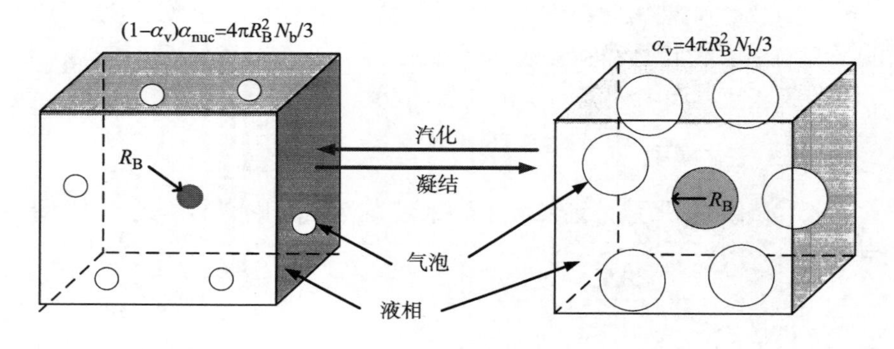


图 2.1 气化和凝结过程示意图

对于气泡气化初始阶段, 流场内的气泡主要由非凝结气体构成, 单位体积内的气泡数量为

$$N_{\mathrm{b}}=(1-\alpha_{\mathrm{v}})\frac{3\alpha_{\mathrm{nuc}}}{4\pi R_{\mathrm{B}}^3} \tag{2.17}$$

式中, $\alpha_{\mathrm{nuc}}$ 为非凝结气体的体积分数。

在凝结过程中蒸气泡充满整个气泡, 此时气泡内的非凝结气体可以忽略不计。因此, $N_{\mathrm{b}}$ 表达式为

$$N_{\mathrm{b}}=\frac{3\alpha_{\mathrm{v}}}{4\pi R_{\mathrm{B}}^3} \tag{2.18}$$

所以单位体积内的质量传输率为

$$\dot{m}=N_{\mathrm{b}}\frac{\mathrm{d}(\rho_{\mathrm{v}}\cdot 4\pi R_{\mathrm{B}}^3/3)}{\mathrm{d}t}=4\pi N_{\mathrm{b}}R_{\mathrm{B}}^2\frac{\mathrm{d}R_{\mathrm{B}}}{\mathrm{d}t} \tag{2.19}$$

结合方程 (2.15)~(2.19) 得到方程 (2.14) 中蒸发源项和凝结源项的表达式为

$$\dot{m}^- = F_{\text{vap}} \frac{3\alpha_{\text{nuc}}(1-\alpha_{\text{v}})\rho_{\text{v}}}{R_{\text{B}}} \sqrt{\frac{2}{3}\frac{(p_{\text{v}}(T_\infty)-p)}{\rho_{\text{l}}}}, \quad p \leqslant p_{\text{v}}(T_\infty) \tag{2.20}$$

$$\dot{m}^+ = F_{\text{cond}} \frac{3\alpha_{\text{v}}\rho_{\text{v}}}{R_{\text{B}}} \sqrt{\frac{2}{3}\frac{(p-p_{\text{v}}(T_\infty))}{\rho_{\text{l}}}}, \quad p > p_{\text{v}}(T_\infty) \tag{2.21}$$

式中, 气泡半径 $R_{\text{B}} = 1\times10^{-6}$ m; 非凝结气体体积分数 $\alpha_{\text{nuc}} = 5\times10^{-4}$; 蒸发经验常数 $F_{\text{vap}} = 50$, 凝结经验常数 $F_{\text{cond}} = 0.01$。

### 2.2.4 考虑热力学效应的修正 Zwart 空化模型

在推导 Zwart 空化模型方程 (2.15) 的过程中假设在空化流动过程中温度是保持不变的, 忽略了空化过程中热力学的影响。在不考虑热力学效应影响时气泡内的压力将保持为 $p_{\text{v}}(T_\infty)$, 但实际上, 由于气化潜热会引起空化区域内温度降低, 空泡内的压力在一定程度上会减小; 空泡内的压力等于气泡内温度 $T_{\text{c}}$ 下的饱和蒸气压 $p_{\text{v}}(T_{\text{c}})$。热力学效应引起的温降是流体液相的热力学属性、气相的热力学属性以及空化流动条件的函数, 但是前面介绍的三种空化模型中只考虑了压力差对空化驱动的影响, 并未引入空化热力学效应。下面详细介绍在 Zwart 空化模型的蒸发源项和凝结源项中引入热力学效应的推导过程。

考虑到在流体介质中一个空化汽核生长过程中的温度与远场气泡内温度 $T_\infty$ 差别较大, 令在 $t$ 时刻气泡内的半径为 $R_{\text{B}}$, 气泡内的温度为 $T_{\text{c}}$, 在初始阶段假设微气泡半径可以忽略, 并且令气泡内的温度是当地液体的温度 $T_\infty$。在气泡生长过程中, 气化过程需要的热量被液体传输到气液交界面处, 因此在生长过程中伴随着热边界层的发展。通过热边界层液体的温度从 $T_\infty$ 降低到 $T_{\text{c}}$, 气泡交界面热边界层示意图如图 2.2 所示。

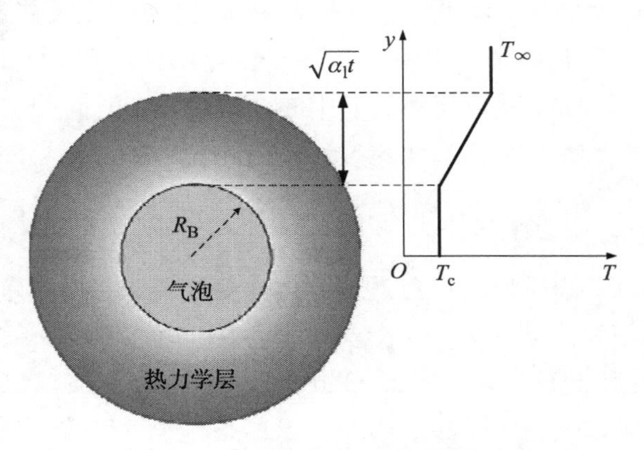


图 2.2 气泡交界面热边界层示意图

对于任何扩散过程, 热边界层的厚度的数量级可以表示成 $\sqrt{\alpha_{\mathrm{L}}t}$, 式中 $\alpha_{\mathrm{L}}=\lambda_{\mathrm{l}}/\rho_{\mathrm{l}}c_{\mathrm{pl}}$ 是液体的热量扩散量 ($\lambda_{\mathrm{l}}$ 是液体的热导率, $\rho_{\mathrm{l}}$ 是液体的密度, $c_{\mathrm{pl}}$ 是液体的定压比热)。边界层内的温度梯度是 $\Delta T/\sqrt{\alpha_{\mathrm{L}}t}$, 式中 $\Delta T=T_{\infty}-T_{\mathrm{c}}$。根据傅里叶法则, 交界面的热通量可表示为 $\lambda_{\mathrm{l}}\Delta T/\sqrt{\alpha_{\mathrm{L}}t}$。能量平衡表明交界面 $4\pi R_{\mathrm{B}}^2$ 面积上的热通量用于气化过程, 并且引起气泡内的蒸气质量增加。因此, 能量平衡表达式可写成

$$\lambda_{\mathrm{l}}\frac{\Delta T}{\sqrt{\alpha_{\mathrm{L}}t}}4\pi R_{\mathrm{B}}^2=\rho_{\mathrm{v}}L_{\mathrm{ev}}\frac{\mathrm{d}}{\mathrm{d}t}\left(\frac{4}{3}\pi R_{\mathrm{B}}^3\right) \tag{2.22}$$

从而得到热力学效应引起的气泡半径变化率:

$$\frac{\mathrm{d}R_{\mathrm{B}}}{\mathrm{d}t}=\frac{\rho_{\mathrm{l}}c_{\mathrm{pl}}\sqrt{a_{\mathrm{L}}}}{\rho_{\mathrm{v}}L_{\mathrm{ev}}\sqrt{t}}\Delta T \tag{2.23}$$

综合由压力差和热力学效应引起的气泡半径变化率方程 (2.16) 和方程 (2.23), 得到考虑热力学影响修正的 Zwart 空化模型蒸发源项和凝结源项表达式如下:

$$\dot{m}^-=\frac{3F_{\mathrm{vap}}\alpha_{\mathrm{nuc}}(1-\alpha_{\mathrm{v}})\rho_{\mathrm{v}}}{R_{\mathrm{B}}}\left(\sqrt{\frac{2}{3}\frac{(p_{\mathrm{v}}(T_{\infty})-p)}{\rho_{\mathrm{l}}}}-\frac{\rho_{\mathrm{l}}c_{\mathrm{pl}}\sqrt{a_{\mathrm{L}}}(T_{\infty}-T)}{\rho_{\mathrm{v}}L_{\mathrm{ev}}\sqrt{t}}\right),\quad p\leqslant p_{\mathrm{v}}(T_{\infty}) \tag{2.24}$$

$$\dot{m}^+=\frac{3F_{\mathrm{cond}}\alpha_{\mathrm{v}}\rho_{\mathrm{v}}}{R_{\mathrm{B}}}\left(\sqrt{\frac{2}{3}\frac{(p-p_{\mathrm{v}}(T_{\infty}))}{\rho_{\mathrm{l}}}}-\frac{\rho_{\mathrm{l}}c_{\mathrm{pl}}\sqrt{a_{\mathrm{L}}}(T-T_{\infty})}{\rho_{\mathrm{v}}L_{\mathrm{ev}}\sqrt{t}}\right),\quad p>p_{\mathrm{v}}(T_{\infty}) \tag{2.25}$$

## 2.3 湍 流 模 型

湍流状态下流场中流体微团在时间和空间上做不规则的随机脉动运动, 导致湍流流动在空间上表现为多尺度、带有旋涡的非定常流动。其中小尺度涡主要受黏性力影响, 是引起高频脉动的主要原因; 大尺度涡主要受惯性力影响, 可以引起低频脉动。不同频率的脉动特性会增加流场中质量、动量以及能量的传递速率, 使流场流动结构变得更加复杂。在理论上, Navier-Stokes 方程可以描述流场中的层流流动和湍流流动问题, 然而实际流场中的湍流流动在时间和空间尺度上涵盖较大范围, 要想通过直接求解 Navier-Stokes 方程来获得瞬时流场湍流流动特性是很难实现的。在大部分工程领域中, 人们往往关注的是流场内的一些参数在一定空间或时间上的平均变化。

根据实际需求, 湍流流动可以从不同的角度进行求解。目前, 在数值计算中对湍流流动的预测和求解主要分为三类: 直接数值模拟 (Direct Numerical Simulation, DNS), 大涡数值模拟 (Large Eddy Simulation, LES), 以及雷诺平均数值模拟 (Reynolds Averaged Navier-Stokes, RANS)。图 2.3 给出了 DNS, LES 和 RANS 三种求解方法的对比。

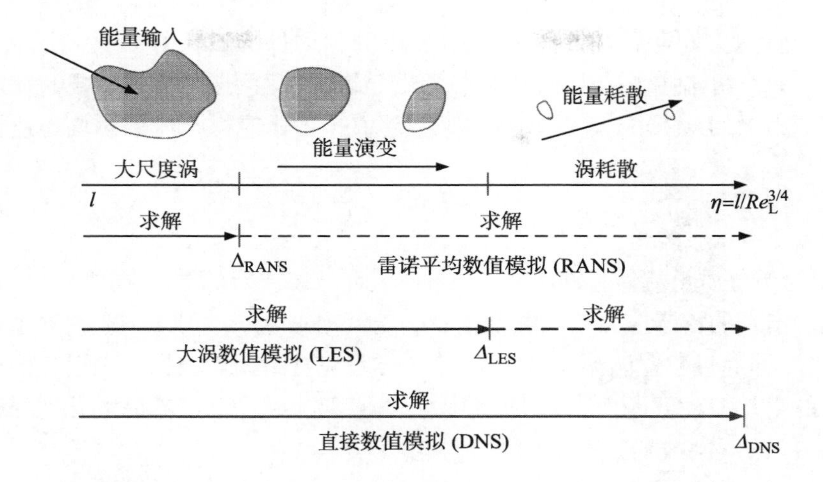


图 2.3 DNS, LES 和 RANS 三种求解方法的对比 [7]

DNS 方法通过直接求解 Navier-Stokes 方程来获得流场内所有时间和空间尺度内的湍流流动, 这种方法虽然是模拟流场内湍流流动最精确的方法, 但是它对计算机性能有极高的要求, 目前对于复杂的工程问题还很难实现。LES 方法通过对 Navier-Stokes 方程进行低通滤波处理, 减小在空间和时间尺度上的求解, 从而实现直接求解湍流流动中的大尺度涡, 而对小尺度涡的运动进行模型假设。LES 方法计算精度较高, 虽然仍需大量的计算资源, 但也越来越多地应用到实际工程计算中。RANS 方法采用时间平均的方法, 将流动分解为时间平均流动和瞬时脉动流动, 并分别求解。这一处理方法避免了直接求解 Navier-Stokes 方程, 可在保证计算精度的同时节省大量计算资源, 并在实际应用中取得了很好的效果。因此本书均采用 RANS 方法对热力学效应下的空化流动问题进行求解。

采用 RANS 方法计算湍流流动时, 任意变量 $\varphi$ 可以分解为平均分量 $\bar{\varphi}$ 和瞬时分量 $\varphi'$, 其中时间平均分量 $\bar{\varphi}$ 定义为

$$\bar{\varphi}=\frac{1}{\Delta t}\int_{t}^{t+\Delta t}\varphi(t)\mathrm{d}t \tag{2.26}$$

式中, 时间步长 $\Delta t$ 要大于湍流脉动周期, 但小于求解方程中各变量的时均变化周期。

因此在采用 RANS 方法计算时, 控制方程的基本形式将发生变化。为书写方便, 除脉动量外其他变量的时均值符号均省略, 方程 (2.2) 和方程 (2.3) 变为

$$\frac{\partial\rho_{\mathrm{m}}}{\partial t}+\frac{\partial(\rho_{\mathrm{m}}u_i)}{\partial x_i}=0 \tag{2.27}$$

$$\frac{\partial\rho_{\mathrm{m}}u_i}{\partial t}+\frac{\partial(\rho_{\mathrm{m}}u_iu_j)}{\partial x_j}=-\frac{\partial p}{\partial x_i}+\frac{\partial}{\partial x_j}\left(\tau_{ij}-\rho_{\mathrm{m}}\overline{u_i'u_j'}\right)+S \tag{2.28}$$

经过时均化处理后在方程 (2.28) 多出的脉动量的二次附加项 $-\rho_{\mathrm{m}}\overline{u_i'u_j'}$, 称为雷诺应力。雷诺应力的引入导致求解湍流流动空化问题的方程不再封闭。为求解雷诺应力项, Boussinesq 采用涡黏系数建立了雷诺应力与流场时均流速梯度的关系:

$$-\rho_{\mathrm{m}}\overline{u_i'u_j'}=\mu_{\mathrm{t}}\left(\frac{\partial u_i}{\partial x_j}+\frac{\partial u_j}{\partial x_i}\right)-\frac{2}{3}\mu_{\mathrm{t}}\frac{\partial u_k}{\partial x_k}\delta_{ij}-\frac{2}{3}\rho_{\mathrm{m}}k\delta_{ij} \tag{2.29}$$

式中, $k$ 为单位质量流体脉动动能; $\mu_{\mathrm{t}}$ 是由流动状态决定的湍动黏度。因此求解因湍流流动出现的雷诺应力项的关键就是确定湍动黏度 $\mu_{\mathrm{t}}$。求解 $\mu_{\mathrm{t}}$ 的关系式称为湍流模式, 即通过建立湍流模型使 RANS 方程完全封闭。根据本书研究的热力学效应下的空化流动问题, 选取对应的标准 $k$-$\varepsilon$ 湍流模型和局部时均化 (Partially-Averaged Navier-Stokes, PANS) 湍流模型。

### 2.3.1　标准 $k$-$\varepsilon$ 模型

标准 $k$-$\varepsilon$ 湍流模型 [8] 由 Launder 和 Spalding 提出, 将湍动黏度与湍动能 $k$ 和湍动能耗散率 $\varepsilon$ 联系到一起, $k$-$\varepsilon$ 模型是一种针对湍流充分发展和高雷诺数建立的计算模型, 在工程中具有广泛的应用, 其微分方程表达式为

$$\frac{\partial(\rho k)}{\partial t}+\frac{\partial(\rho k u_j)}{\partial x_j}=\frac{\partial}{\partial x_j}\left[\left(\mu+\frac{\mu_t}{\sigma_k}\right)\frac{\partial k}{\partial x_j}\right]+P_k-\rho\varepsilon+P_{k\mathrm{b}} \tag{2.30}$$

$$\begin{aligned}\frac{\partial(\rho\varepsilon)}{\partial t}+\frac{\partial(\rho\varepsilon u_j)}{\partial x_j}=&\frac{\partial}{\partial x_j}\left[\left(\mu+\frac{\mu_t}{\sigma_\varepsilon}\right)\frac{\partial\varepsilon}{\partial x_j}\right]\\&+\frac{\varepsilon}{k}(C_{\varepsilon1}P_k-C_{\varepsilon2}\rho\varepsilon+C_{\varepsilon1}P_{\varepsilon\mathrm{b}})\end{aligned} \tag{2.31}$$

湍动黏度 $\mu_{\mathrm{t}}$ 可表示为 $k$ 和 $\varepsilon$ 的函数, 即

$$\mu_{\mathrm{t}}=\rho C_\mu\frac{k^2}{\varepsilon} \tag{2.32}$$

$P_k$ 为黏性力引起的湍动能产生项, 其表达式为

$$P_k=\mu_{\mathrm{t}}\left(\frac{\partial u_i}{\partial x_j}+\frac{\partial u_j}{\partial x_i}\right)\frac{\partial u_i}{\partial x_j}-\frac{2}{3}\frac{\partial u_k}{\partial x_k}\left(3\mu_{\mathrm{t}}\frac{\partial u_k}{\partial x_k}+\rho k\right) \tag{2.33}$$

式中, $C_{\varepsilon1}$, $C_{\varepsilon2}$ 和 $C_\mu$ 为常数, 其取值分别为 $C_{\varepsilon1}=1.44$, $C_{\varepsilon2}=1.92$, $C_\mu=0.09$; $\sigma_k$ 为 $k$ 的普朗特数, 取值 $\sigma_k=1.0$; $\sigma_\varepsilon$ 为 $\varepsilon$ 的普朗特数, 取值 $\sigma_\varepsilon=1.3$; $\mu$ 为流体动力黏度; $P_{k\mathrm{b}}$ 和 $P_{\varepsilon\mathrm{b}}$ 为浮力引起的湍动能产生项。

### 2.3.2　局部时均化湍流模型

局部时均化湍流模型基于标准 $k$-$\varepsilon$ 湍流模型, 通过引入未分解局部时均化湍动能 $k_n$ 与总湍动能 $k$ 的比值 $f_k$, 未分解局部时均化耗散率 $\varepsilon_n$ 与总耗散率 $\varepsilon$ 的

比值 $f_\varepsilon$ 进行微分方程的修正, 形成 PANS 湍流模型, 模型中 $f_k$ 和 $f_\varepsilon$ 定义为

$$f_k = \frac{k_n}{k}, \quad f_\varepsilon = \frac{\varepsilon_n}{\varepsilon} \tag{2.34}$$

式中, 下标 $n$ 表示 PANS 模型的物理量。

与标准 $k$-$\varepsilon$ 湍流模型相比, PANS 湍流模型主要对耗散系数 $C_{\varepsilon 2}$ 进行了修正, 修正后系数 $C^*_{\varepsilon 2}$ 定义为

$$C^*_{\varepsilon 2} = C_{\varepsilon 1} + \frac{f_k}{f_\varepsilon}(C_{\varepsilon 2} - C_{\varepsilon 1}) \tag{2.35}$$

PANS 湍流模型中普朗特数 $\sigma_{nk}$ 和 $\sigma_{n\varepsilon}$ 分别为

$$\sigma_{nk} = \sigma_k \frac{f_k^2}{f_\varepsilon}, \quad \sigma_{\varepsilon k} = \sigma_\varepsilon \frac{f_k^2}{f_\varepsilon} \tag{2.36}$$

式中, $C_{\varepsilon 1}$, $C_{\varepsilon 2}$, $\sigma_k$ 和 $\sigma_\varepsilon$ 等参数与标准 $k$-$\varepsilon$ 湍流模型含义和取值一致。

PANS 湍流模型是近几年发展的计算湍流流动的有效数值模型, 通过控制方程中 $f_k$ 和 $f_\varepsilon$ 的取值可实现从雷诺时均化模型 RANS 到直接数值模拟 DNS 的过渡。PANS 模型方法在计算非定常流动过程中已被一些学者验证了其优越性 [9−12]。

### 2.3.3 壁面函数

大量试验结果表明, 近壁面流动的流场中各个独立变量沿壁面法向方向具有较大的梯度变化。为描述近壁面的流动, 可将沿壁面法向不同位置的流动划分为受流动条件影响明显的壁面区以及流动状态为完全湍流的核心区。壁面区可以分为层流层、过渡层和对数律层, 如图 2.4 所示。

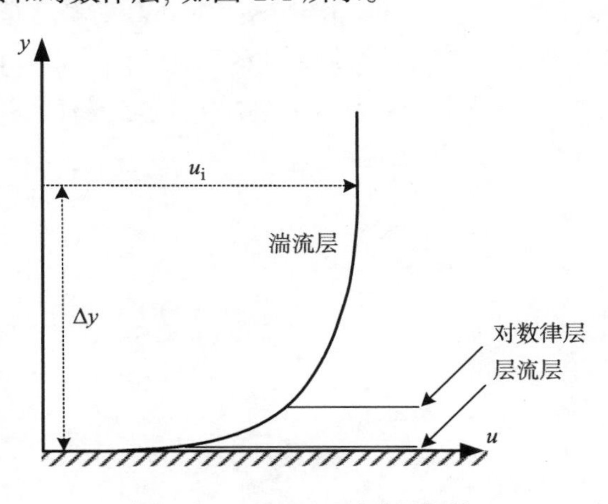


图 2.4 近壁面区域流层划分

层流层位于壁面区的最底层, 流体分子黏性在该区域内的介质动量和能量交换中起主导作用, 而湍流切应力可以忽略, 速度在平行于壁面的速度分量沿壁面法向方向呈线性分布。过渡层位置位于层流层外侧, 该层厚度非常小, 其中湍流应力与分子黏性力作用相当, 流动状态也非常复杂; 位于壁面区最外侧的是对数律层, 该层内湍流应力起主导作用, 分子黏性影响不明显, 该区域内流体流速接近对数律分布。

目前对壁面层内的流动采用的壁面函数法主要是 Launder 和 Spalding 方法的延伸 [8]。在对数律层内的切向速度与壁面的剪切应力 $\tau_\omega$ 满足对数关系, 壁面函数法利用经验公式的办法处理黏性对流动和湍流输运方程的影响。

近壁面区域内速度的表达式为

$$u^+ = \frac{U_t}{u_\tau} = \frac{1}{\kappa}\ln\left(y^+\right) + C \tag{2.37}$$

摩擦速度 $u_\tau$ 和无量纲距离壁面的距离 $y^+$ 分别为

$$u_\tau = \left(\frac{\tau_\omega}{\rho}\right)^{1/2} \tag{2.38}$$

$$y^+ = \frac{\rho \Delta y u_\tau}{\mu} \tag{2.39}$$

式中, $u^+$ 为近壁面流动速度; $u_\tau$ 为摩擦速度; $U_t$ 为距壁面 $\Delta y$ 处平行于壁面的流动速度; $y^+$ 为距壁面无量纲长度; $\tau_\omega$ 为壁面剪切应力, 由对数规律决定; $\kappa$ 为 von Karman 常数; $C$ 为对数律层常数, 与壁面粗糙度相关。

上述壁面函数方法的主要缺点是它的预测能力取决于离近壁面最近点的位置, 并对近壁面的网格划分非常敏感, 而且优化网格后也不能在提高计算精度时保证唯一解 [13]。采用尺度可变的壁面函数法 (Scalable Wall Function) 可以克服壁面函数法在优化网格后计算结果不一致性的问题, 下面简要介绍其处理方法。

从方程 (2.37) 中可以看出, 当近壁面速度 $U_t$ 接近零时会引起方程的奇异, 所以用另外一种速度 $u^*$ 来代替摩擦速度 $u_\tau$:

$$u^* = C_\mu^{1/4} k^{1/2} \tag{2.40}$$

替代后的速度 $u^*$ 将不会随着 $U_t$ 接近零时变为零。基于此定义可以获得关于 $u_\tau$ 的显式方程:

$$u_\tau = \frac{U_t}{\dfrac{1}{\kappa}\ln\left(y^*\right) + C} \tag{2.41}$$

式中, $y^* = (\rho u^* \Delta y)/\mu$。

此时壁面剪切应力 $\tau_\omega$ 可以表示为

$$\tau_\omega = \rho u^* u_\tau \tag{2.42}$$

尺度可变的壁面函数法的思想就是通过一个函数 $\tilde{y}^* = \max(y^*, 11.06)$ 限制 $y^*$ 在对数律层公式的使用。11.06 为壁面附近线性分布与对数分布函数的交点，采用 $\tilde{y}^*$ 约束时使得 $y^*$ 不能小于 11.06, 因此所有的网格节点都在黏性底层的外部, 且可以避免优化后网格计算结果的不一致性。所以本书在求解湍流流动的过程中, 采用尺度可变的壁面函数法。

## 2.4 小 结

本章介绍了基于均质平衡流理论的基本数学模型和数值方法。其中, 空化过程的多相流动特性由求解混合区域内各组分体积分数的输运方程描述, 蒸发源项和凝结源项用来实现气液相两相之间的质量传输; 并介绍了根据热扩散和能量平衡原则, 考虑空化热力学效应的 Zwart 修正空化模型; 详细介绍了基于 RANS 方法的两方程 $k$-$\varepsilon$ 模型, 并指出了基于 $k$-$\varepsilon$ 模型发展的 PANS 湍流模型计算非定常空化流动的参数调整方法。

## 参 考 文 献

[1] Brennen C E. Fundamentals of Multiphase Flow [M]. Cambridge: Cambridge University Press, 2005.

[2] Merkle C L, Feng J, Buelow P E. Computational modeling of the dynamics of sheet cavitation [C]. 3rd International Symposium on Cavitation, Grenoble, France, 1998: 47-54.

[3] Kunz R F, Boger D A, Stinebring D R. A preconditioned Navier-Stokes method for two-phase flows with application to cavitation prediction [J]. Computers & Fluids, 2000, 29(8):849-875.

[4] Zwart P J, Gerber A G, Belamri T. A two-phase flow model for predicting cavitation dynamics [C]. Fifth International Conference on Multiphase Flow, Yokohama, Japan, 2004.

[5] Rayleigh L. VIII. On the pressure developed in a liquid during the collapse of a spherical cavity [J]. The London, Edinburgh, and Dublin Philosophical Magazine and Journal of Science, 1917, 34(200):94-98.

[6] Plesset M S, Prosperetti A. Bubble dynamics and cavitation [J]. Annual Review of Fluid Mechanics, 1977, 9(1):145-185.

[7] Sodja J. Turbulence models in CFD [D]. Ljubljana: University of Ljubljana, 2007:1-18.

[8] Launder B E, Spalding D B. The numerical computation of turbulent flows [J]. Computer Methods in Applied Mechanics and Engineering, 1974, 3(2):269-289.

[9] Girimaji S, Abdol-Hamid K. Partially-averaged Navier Stokes model for turbulence: implementation and validation [C]. 43rd AIAA Aerospace Sciences Meeting and Exhibit, 2005: 502.

[10] Girimaji S S, Jeong E, Srinivasan R. Partially averaged Navier-Stokes method for turbulence: Fixed point analysis and comparison with unsteady partially averaged Navier-Stokes [J]. Journal of Applied Mechanics, 2006, 73(3):422-429.

[11] Ji B, Luo X, Wu Y. Numerical analysis of unsteady cavitating turbulent flow and shedding horse-shoe vortex structure around a twisted hydrofoil [J]. International Journal of Multiphase Flow, 2013, 51:33-43.

[12] Lakshmipathy S, Girimaji S. Partially-averaged Navier-Stokes method for turbulent flows: k-w model implementation [C]. 44th AIAA Aerospace Sciences Meeting and Exhibit, 2006: 119.

[13] Grotjans H, Menter F. Wall functions for general application CFD codes [J]. ECCOMAS98, 1998.

# 第 3 章　定常流动计算模型评价与流动特性

热力学敏感流体空化相变过程中由于气化潜热的影响，空化流动区域的温度场会发生改变，进而影响空泡内气液两相介质的物理属性，使流动特性变得更加复杂。目前，针对空化流动问题广泛采用的数值方法主要是基于水介质建立的，而对于热力学敏感流体，如液氢和液氮等介质的空化流动问题，则需要对现有的空化模型等核心算法进行评估和改进。本章内容介绍了代表性空化模型的对比与改进策略，在此基础上对比了液氢和液氮两种流体介质空化流动特性的差异和典型热力学参数下空化流场的特性。

## 3.1　计算几何模型与网格划分

Hord[1−3] 在 NASA 的资助下系统地开展了低温条件下液氢和液氮空化流动的试验研究，获得的试验数据被国内外学者广泛地用于数值计算结果的验证。为有效验证建立的数值方法的有效性，基于 Hord 试验工况，分别开展了液氮、液氢绕水翼和尖顶拱两种几何模型的空化流动三维数值计算，使建立的数值方法具有更广泛的适用性。计算几何模型与 Hord 试验一致，计算几何模型结构及网格划分如图 3.1 所示。水翼前缘为直径 $D = 7.92$ mm 的半球头型，模型被安装在工作段横截面为 25.4 mm×25.4 mm 的水洞中，具体尺寸如图 3.1(a) 所示。计算域内采用 H 型和 C 型网格，如图 3.1(b) 所示。同时在水翼附近网格进行加密处理，以提高计算效率，同时可有效捕捉翼型周围流场参数。

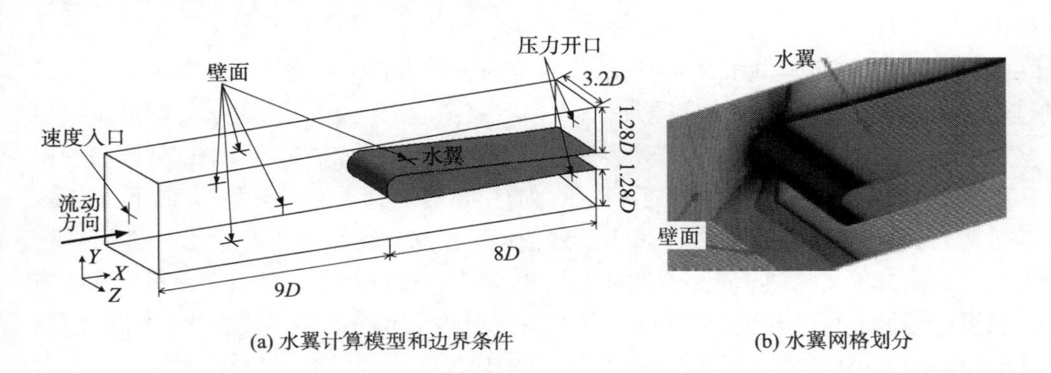


(a) 水翼计算模型和边界条件　　(b) 水翼网格划分

图 3.1　水翼计算几何模型和网格划分

尖顶拱几何模型与 Hord 试验一致, 如图 3.2 所示。计算几何模型为尖顶拱形回转体, 计算域上游为圆柱形回转体, 并在尖顶拱肩部位置和尾部扩张。计算模型具体几何尺寸如图 3.2(a) 所示, 其中尖形拱直径 $D = 9.1$ mm, 肩部倒角半径为 2.3 mm。计算模型网格划分方法与水翼模型一致。

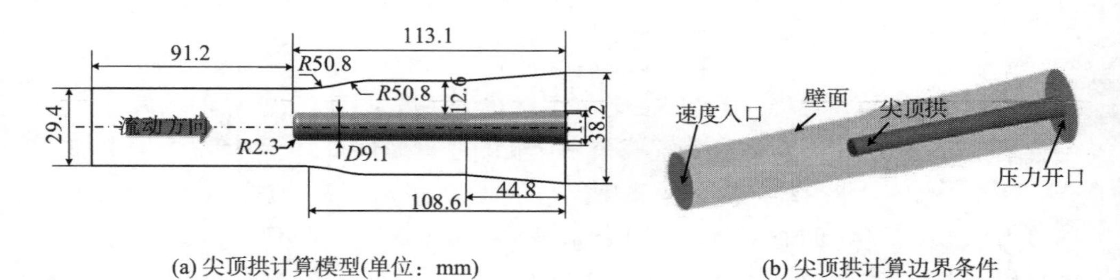


(a) 尖顶拱计算模型(单位：mm)　　(b) 尖顶拱计算边界条件

图 3.2　尖顶拱计算几何模型和网格划分

Hord 在试验过程中分别安装了五个温度传感器和五个压力传感器用于记录空化区域温度和压力数据。计算时在模型表面同样位置分别设置五个温度监测点和五个压力监测点, 以便将数值计算结果与试验数据进行对比。根据试验条件, 计算域入口采用速度入口, 出口为压力开口, 流域边界及水翼设置为绝热不可滑移壁面。

## 3.2　空化热力学效应影响

根据 Hord 试验数据选取工况 231C 作为液氢绕水翼空化流动计算条件, 其入口流速 $U_\infty = 51.4$ m/s、远场温度 $T_\infty = 20.63$ K、入口空化数 $\sigma_\infty = 1.32$。为证明热力学效应对空化特性的影响, 首先针对 231C 工况开展了不同热量传输条件下的数值计算。定义空化过程中由气化潜热引起的热量传输为 $Q_{\rm L} = \lambda \times H_{\rm L}$, 其中 $H_{\rm L} = L_{\rm ev} \times (\dot{m}^+ - \dot{m}^-)$, $L_{\rm ev}$ 为气化潜热。计算过程中通过人为地控制 $\lambda$ 值来评价热力学效应的影响, 即等温条件 $\lambda = 0$ (空化过程无热量传输), $\lambda = 0.5$ (考虑部分气化潜热影响), 热力学条件 $\lambda = 1.0$ (完全考虑气化潜热影响)。图 3.3 给出了三种条件下液氢绕水翼空泡形态和中截面液相体积分数分布云图, 从图 3.3(a) 中可以看出, 在水翼周围形成了稳定的空泡, 空泡起始于水翼头部, 并向下游发展, 最终闭合。同时, 在三种条件下, 随着热力学效应的增加, 空化特性明显发生改变。在考虑部分气化潜热影响的条件下, 空泡长度减小; 完全考虑热力学影响时的空泡长度与等温条件下相比差别较大; 从图 3.3(b) 可以看出, 随着热力学影响的增加, 空化区域最小液相体积分数小幅增大, 空泡厚度减小。可见, 热力学效应抑制了空化的发生。

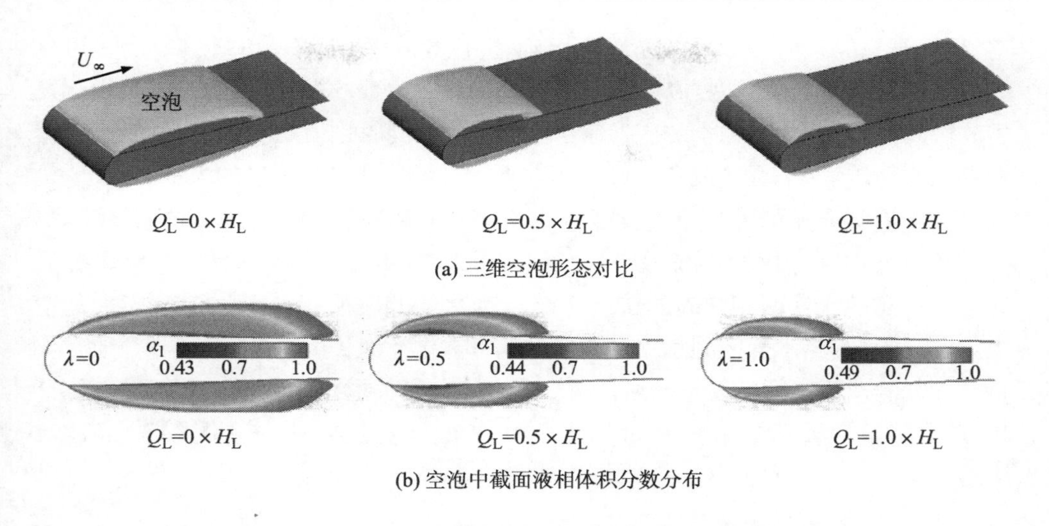


图 3.3 空化对热力学效应敏感性对比 (彩图见封底二维码)

三种条件下计算的水翼表面温度、压力与试验数据对比如图 3.4 所示, 从图 3.4(a) 可以看出, 在等温条件下水翼表面温度保持与环境温度一致, 温降为零; 随着热力学效应的增强, 空化区域发生温降, 当完全考虑热力学影响时 ($\lambda = 1.0$), 在靠近水翼前缘位置温度从 20.63 K 降低到 19.23 K, 温度降低了 1.4 K。图 3.4(b) 中水翼表面压力分布显示, 在不考虑热力学影响的条件下, 空化区域压力保持恒定值不变; 在考虑热力学效应的条件下, 空化区域压力不再是常数, 而是呈梯度变化; 对比等温和热力学条件下的压力分布, 可以看出热力学条件下的最大压降要大于等温条件下的值。这也进一步说明, 对于液氢这种热力学敏感流体, 空化的发生会引起当地温度降低, 由于液氢的气化压力随着温度的降低而减小, 所以热力学条件下空化区域压力要小于等温条件下的水翼表面压力, 即 $p_v(T) - p_v(T_\infty) < 0$。入口

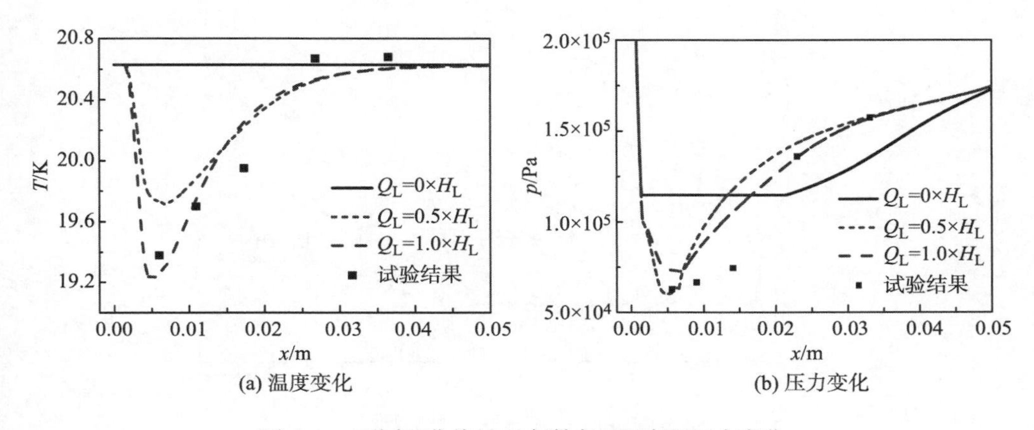


图 3.4 不同空化热量下水翼表面温度和压力变化

空化数 $\sigma_\infty = (p_\mathrm{v} - p_\mathrm{v}(T_\infty))/0.5\rho U_\infty^2$, 当地空化数 $\sigma = (p_\mathrm{v} - p_\mathrm{v}(T))/0.5\rho U_\infty^2$, 可见 $\sigma - \sigma_\infty > 0$, 所以热力学效应的影响会引起当地空化数的升高, 增加了液氢空化发生的难度, 即体现为热力学效应抑制了空化强度。同时也说明, 在热力学敏感流体的空化流动过程中, 远场或者入口空化数不能直接反映空化强度的大小。

由于液氢介质的液气密度比要远小于水介质的液气密度比, 由前面分析, 热力学效应会抑制空化的强度, 所以要保持相同的空化动力学特性, 对于液氢介质就需要更多的气液两相之间的质量转换。为说明此问题, 以上面 231C 工况的空泡长度为基准, 当水介质到达 231C 工况液氢空化空泡长度时, 对比两种介质空化特性和气液两相之间的质量转换情况。在此之前首先验证水介质空化流动数值计算方法, 计算验证基于 Rouse 和 McNown [4] 的试验数据, 具体工况参数如表 3.1 所示。

**表 3.1 具体工况参数**

| 工况 | 几何模型 | 介质 | 温度/K | 空化数 | 参考 |
|---|---|---|---|---|---|
| A01 | 半圆头回转体 | 水 | 293.15 | 0.2 | Rouse 和 McNown [4] |
| A02 | 半圆头回转体 | 水 | 293.15 | 0.3 | Rouse 和 McNown [4] |

图 3.5 给出了水绕半球头空化流动数值计算结果与试验数据对比, 可以看出二者吻合较好。A01 和 A02 工况压力与图 3.4(b) 中热力学状态下水翼表面压力分布对比有明显不同, 在常温水介质空化区域, 压力保持恒定值不变, 当地空化数与远场空化数一致, 即 $\sigma = \sigma_\infty$。在空泡闭合位置水介质压力出现突变, 存在一个峰值, 且空泡内压力恢复到远场压强的速度较快。可见, 热力学效应对空化流场内

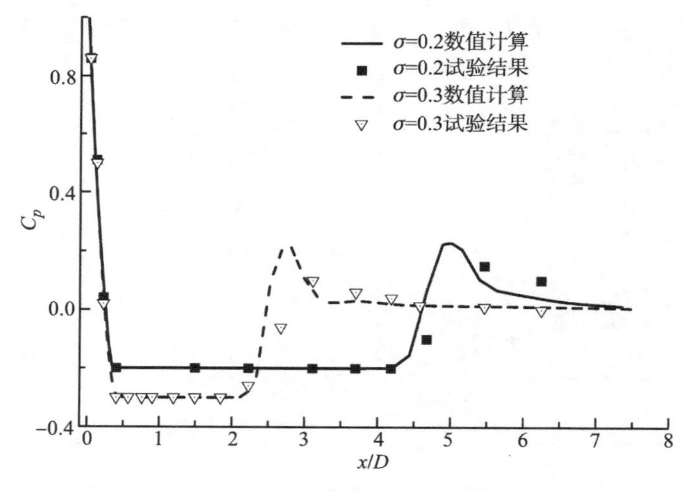


图 3.5 水绕半球头空化流动数值计算与试验结果对比

和空泡闭合区域的压力分布具有明显影响。

在验证计算水介质空化流动问题的数值方法后，为进一步探索液氢空化流动基本特性，针对 231C 工况的水翼几何模型，为进行有效对比，使水介质绕水翼空化程度与 231C 工况液氢的空化强度一致。图 3.6 对比了液氢和水介质绕水翼空化中截面两相体积分布，很明显可以看出，在水翼肩部液氢形成的空泡较厚，而在空化闭合位置水介质中体积分数变化梯度较大，且空泡形态比较尖锐，这也是水空化时空泡闭合位置压力有突变的外在表现。

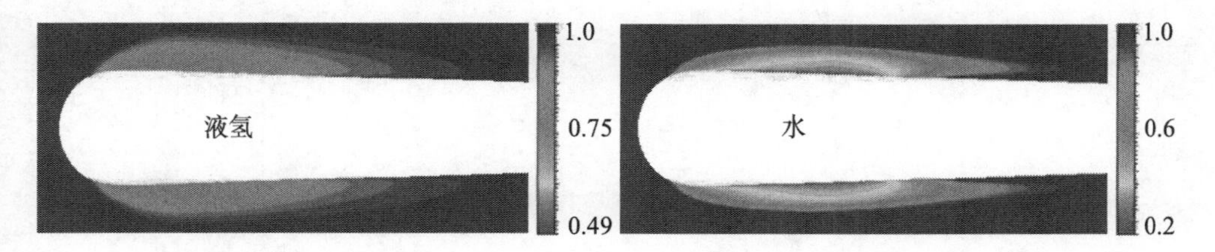


图 3.6 液氢和水介质绕水翼空化中截面两相体积分布对比 (彩图见封底二维码)

为进一步对比液氢和水空化特性的差异，图 3.7 给出了水翼周围三种不同位置沿空泡厚度的 $y$ 方向液相体积分数分布，三个位置分别为 $x/D = 0.75$ (近空泡起始位置)，$x/D = 1.1$ (空泡中间位置) 和 $x/D = 1.5$ (近空泡闭合位置)。从图中很明显可以看出，在液氢空化流动中，液相最小体积分数值要大于水介质，且液氢液相体积分数分布曲线的梯度较小。可见，热力学效应影响了气液两相之间的质量转换，从计算结果可得出，热力学效应抑制了空化的发生。

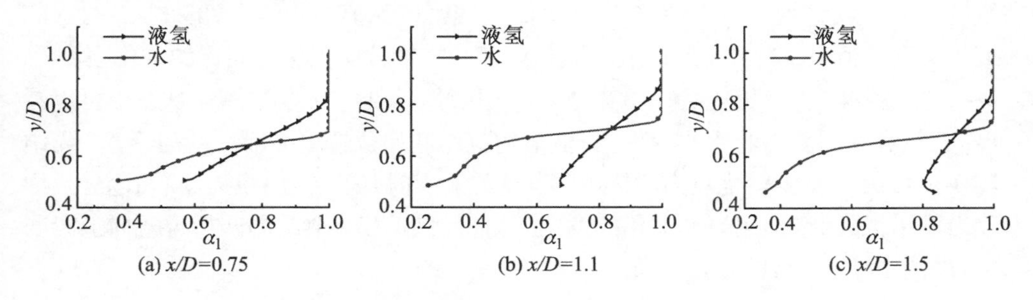


图 3.7 液氢和水介质空化区域内液相体积分数分布对比

为对比液氢和水介质空化过程质量传输特性，参考方程 (2.20) 和方程 (2.21) 表征空化过程蒸发源项和凝结源项的表达式。首先定义无量纲质量传输率 $\dot{m}_{\mathrm{c}}$:

$$\dot{m}_{\mathrm{c}} = \frac{\dot{m} L_{\mathrm{c}}}{U_{\infty} \rho_{\mathrm{l}}} \tag{3.1}$$

式中，$L_{\mathrm{c}}$ 为特征长度，这里取为水翼前端半圆头型直径。

图 3.8 对比了液氢和水介质绕水翼表面空化无量纲蒸发源项 $\dot{m}_c^+(\dot{m}_c < 0)$ 和凝结源项 $\dot{m}_c^-(\dot{m}_c > 0)$ 的分布。

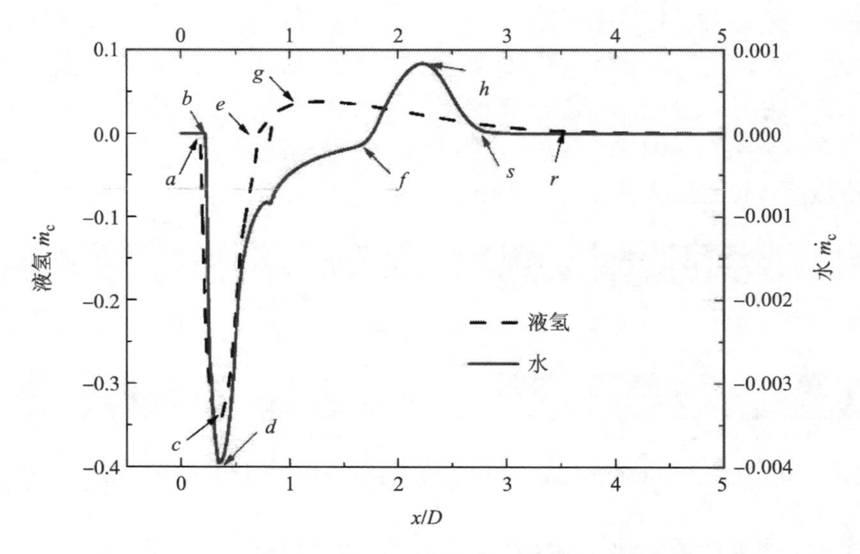


图 3.8　液氢和水介质绕水翼表面空化无量纲质量传输特性对比

从图中可以看出, 蒸发 (液氢为 $a$-$c$-$e$ 区域, 水为 $b$-$d$-$f$ 区域) 起始于水翼肩部, 凝结发生在空泡的下游。相比于蒸发源项 $\dot{m}_c^+$ 的绝对值, 凝结源项 $\dot{m}_c^-$ 要小得多, 说明凝结过程要比蒸发过程慢得多。虽然液氢和水介质空化区域无量纲质量传输整体趋势相似, 但是液氢蒸发源项和凝结源项的峰值要比水大得多, 这是因为液氢的液气密度比较小 (20.63 K 时液氢的液气密度比值约为 45, 293.15 K 时水的液气密度比值为 43197), 所以液氢需要更多的质量转换以保证同样的空化强度。

对于凝结过程 (液氢为图 3.8 中 $e$-$g$-$r$ 区域, 水为 $f$-$h$-$s$ 区域), 从图中可以看出, 液氢和水的凝结起始位置不同, 液氢的凝结起始位置更靠前。控制蒸发–凝结转换位置的主要因素是热力学影响, 当空化发生时, 在空泡上游区域气化潜热导致当地温度降低, 抑制当地空化的发生, 从而导致蒸发–凝结的转折位置向上游变化, 即图中液氢 $e$ 点相比于水的 $f$ 点更靠前。

# 3.3　空化模型在预测热力学敏感流体空化流动方面的应用与评价

## 3.3.1　Zwart 空化模型系数敏感性分析

现有不同空化模型中经验常数值是根据水介质空化流动的试验数据校核得到的, 它们在热力学敏感流体空化流动的适用性需要进一步评价和修正, 相关学

者 [5−8] 已经做了一些工作, 但是对于热力学敏感流体三维空化流动问题的空化模型经验常数应有待确定。

计算工况与 Hord 试验一致, 选取的计算工况及相应的温度、速度以及空化数等如表 3.2 所示。

**表 3.2** 计算工况和边界条件

| 工况 | 模型 | 介质 | $T_\infty$/K | $U_\infty$/(m/s) | $\sigma_\infty$ | $Re$ |
|---|---|---|---|---|---|---|
| 290C | 水翼 | 液氮 | 83.06 | 23.9 | 1.70 | $9.1\times10^6$ |
| 293A | 水翼 | 液氮 | 77.64 | 24.0 | 1.76 | $7.7\times10^6$ |
| 296B | 水翼 | 液氮 | 88.54 | 23.7 | 1.61 | $1.1\times10^7$ |

以 290C 工况为例, 对 Zwart 空化模型经验常数取值对计算结果的影响进行说明和分析。图 3.9 给出了不同蒸发系数和凝结系数下的三维空泡形态, 同时为便

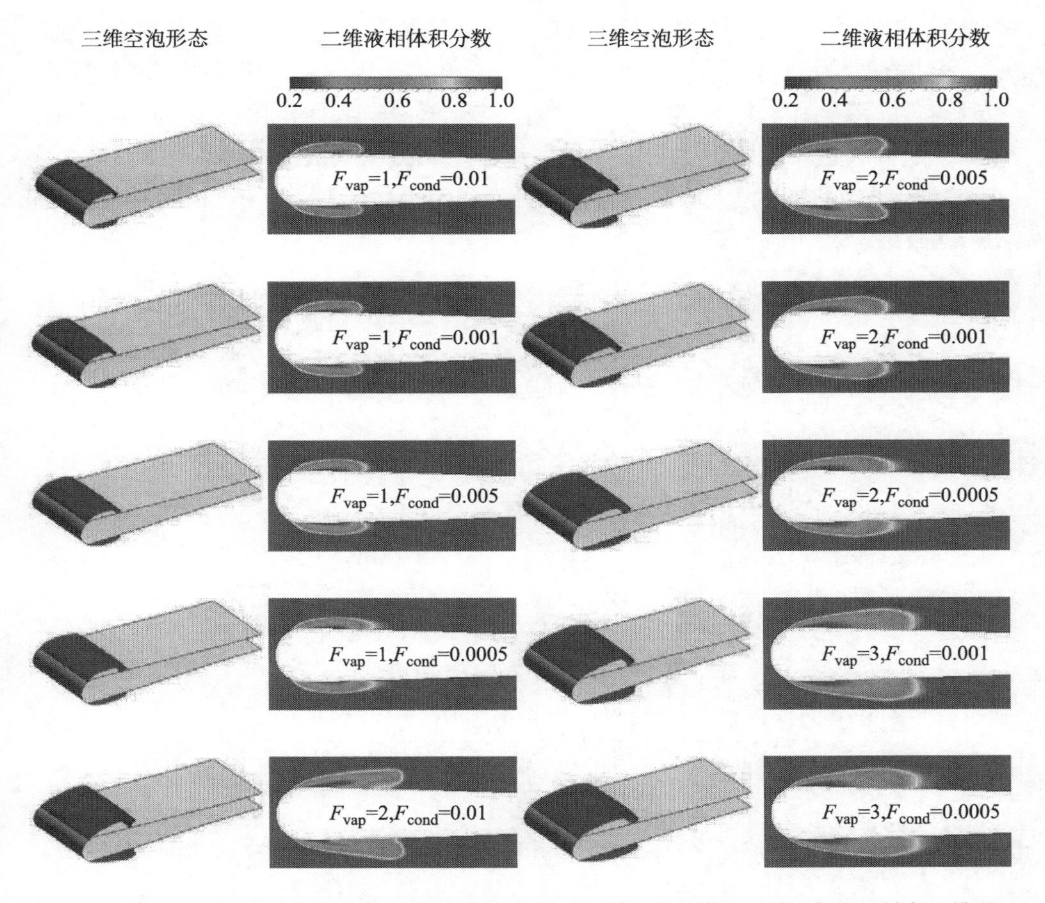


图 3.9 290C 工况不同蒸发系数和凝结系数下的三维空泡形态结果对比 (彩图见封底二维码)

于观测, 提取水翼中截面二维液相体积分数分布。从图中三维空泡形态可以看出, 不同蒸发系数和凝结系数组合条件下都在水翼周围形成稳定的空泡, 但是蒸发系数和凝结系数的改变对计算结果影响显著。当固定蒸发系数时, 空泡长度随着凝结系数的增加变化较小; 而当凝结系数固定时, 空泡长度随着蒸发系数的增加而增大, 可见控制蒸发系数和凝结系数的大小直接影响着空化强度; 从二维液相体积分数分布更直观地看出不同蒸发系数和凝结系数下空泡长度和闭合位置的区别, 对比可以看出, 影响空泡长度的主要参数是蒸发系数; 同一蒸发系数下, 不同凝结系数主要影响空泡闭合位置的两相分布。可见, 修正空化模型中的蒸发系数和凝结系数对空化强度及空化流场特性有影响。

为进一步分析空泡内部气液两相特性, 图 3.10 给出了不同修正系数下水翼表面液相体积分数, 从图中可以进一步验证当固定蒸发系数时, 空泡闭合位置差别较小; 当改变蒸发系数时, 空泡闭合位置改变较大。当改变蒸发系数和凝结系数时, 空化区域内最小体积分数差别不大。结合图 3.7 和图 3.10 液氢、液氮和水介质在空化区域的液相体积分数分布可知, 液氢和液氮在空化区域的液相体积分数较高, 所以在气液混合区混合密度值较大。虽然本书采用的是均相流模型, 但是试验结果表明, 液氢和液氮等热力学敏感介质空化气液交界面模糊, 空泡形态呈泡雾状, 通过计算进一步验证了热力学敏感流体空化流场气液转换过程缓慢, 热力学效应抑制了空化的发生, 从而导致空化区域呈泡雾状, 这与 Hord 试验观测 [1] 和 Hosangadi 猜想 [9] 一致。

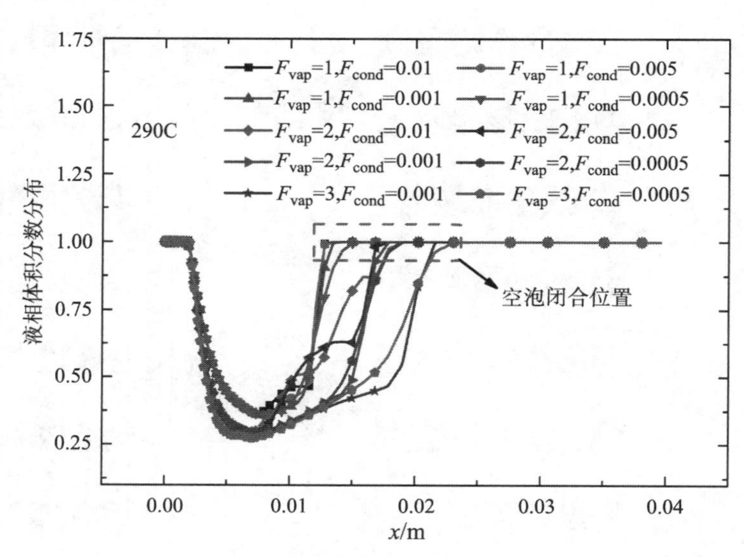


图 3.10 290C 工况不同蒸发系数和凝结系数水翼表面液相体积分数分布

表 3.3 ~ 表 3.5 给出了三种工况下空化流场计算的压力、温度和空泡长度结果与试验数据对比。综合对比数值计算结果与试验数据，当 $F_{\text{vap}} = 3$, $F_{\text{cond}} = 0.0005$ 时计算的压力、温度以及空泡长度与试验数据吻合较好。

**表 3.3** 290C 工况不同蒸发系数与凝结系数下数值计算结果与试验数据对比

| $F_{\text{vap}}$ | 1 | 1 | 1 | 1 | 2 | 2 | 2 | 2 | 3 | 3 | 试验 |
|---|---|---|---|---|---|---|---|---|---|---|---|
| $F_{\text{cond}}$ | 0.01 | 0.005 | 0.001 | 0.0005 | 0.01 | 0.005 | 0.001 | 0.0005 | 0.001 | 0.0005 | 数据 |
| $p_1$/kPa | 17.23 | 17.23 | 17.23 | 17.23 | 16.27 | 16.29 | 16.35 | 16.36 | 15.88 | 15.89 | 16.62 |
| $p_2$/kPa | 16.72 | 17.03 | 16.97 | 17.03 | 15.83 | 15.58 | 16.87 | 16.46 | 16.36 | 16.32 | 16.90 |
| $p_3$/kPa | 36.90 | 36.92 | 35.54 | 32.21 | 18.08 | 20.85 | 17.81 | 19.17 | 18.31 | 17.51 | 17.71 |
| $p_4$/kPa | 34.86 | 34.82 | 34.79 | 34.85 | 37.50 | 35.63 | 35.39 | 35.82 | 40.26 | 34.89 | 34.66 |
| $p_5$/kPa | 36.73 | 36.71 | 36.70 | 36.69 | 37.14 | 36.97 | 36.82 | 36.81 | 36.90 | 38.00 | 38.38 |
| $T_1$/K | 82.11 | 82.12 | 82.11 | 82.12 | 81.54 | 81.54 | 81.63 | 81.63 | 81.47 | 81.41 | 81.13 |
| $T_2$/K | 82.18 | 82.02 | 82.17 | 82.29 | 81.29 | 82.15 | 81.86 | 81.83 | 82.67 | 81.74 | 81.53 |
| $T_3$/K | 83.38 | 83.13 | 83.12 | 83.11 | 83.02 | 83.25 | 83.15 | 82.95 | 83.36 | 82.41 | 82.02 |
| $T_4$/K | 83.11 | 83.14 | 83.13 | 83.13 | 83.00 | 83.38 | 83.12 | 83.13 | 83.22 | 83.12 | 82.83 |
| $T_5$/K | 83.14 | 83.14 | 83.11 | 83.12 | 82.99 | 83.30 | 83.12 | 83.12 | 83.09 | 83.13 | 82.89 |
| $L_{\text{cav}}$/mm | 12.75 | 12.93 | 13.49 | 14.76 | 16.78 | 17.81 | 18.92 | 19.16 | 21.53 | 23.01 | 22.96 |

**表 3.4** 293A 工况不同蒸发系数与凝结系数下数值计算结果与试验数据对比

| $F_{\text{vap}}$ | 1 | 1 | 1 | 1 | 2 | 2 | 2 | 2 | 3 | 3 | 试验 |
|---|---|---|---|---|---|---|---|---|---|---|---|
| $F_{\text{cond}}$ | 0.01 | 0.005 | 0.001 | 0.0005 | 0.01 | 0.005 | 0.001 | 0.0005 | 0.001 | 0.0005 | 数据 |
| $p_1$/kPa | 9.54 | 9.55 | 9.55 | 9.56 | 8.98 | 8.98 | 8.90 | 8.99 | 8.61 | 8.92 | 8.94 |
| $p_2$/kPa | 9.09 | 9.13 | 9.12 | 10.03 | 8.37 | 8.31 | 8.50 | 8.52 | 8.38 | 8.94 | 9.00 |
| $p_3$/kPa | 29.74 | 28.80 | 29.04 | 27.78 | 12.68 | 12.48 | 22.32 | 20.87 | 11.76 | 13.7 | 9.87 |
| $p_4$/kPa | 29.55 | 29.53 | 29.52 | 29.58 | 30.33 | 30.26 | 29.81 | 29.80 | 30.03 | 29.03 | 24.07 |
| $p_5$/kPa | 31.85 | 31.85 | 31.83 | 31.85 | 31.96 | 31.93 | 31.77 | 31.72 | 31.87 | 31.95 | 32.89 |
| $T_1$/K | 76.86 | 76.87 | 76.87 | 76.87 | 76.35 | 76.35 | 76.35 | 76.36 | 76.03 | 76.21 | 76.35 |
| $T_2$/K | 77.19 | 77.97 | 77.25 | 77.18 | 75.75 | 76.21 | 76.12 | 76.16 | 75.95 | 75.95 | 76.62 |
| $T_3$/K | 77.85 | 77.57 | 77.70 | 77.72 | 78.00 | 77.93 | 77.73 | 77.79 | 76.67 | 77.52 | 77.05 |
| $T_4$/K | 77.78 | 77.58 | 77.73 | 77.71 | 78.19 | 77.69 | 77.71 | 77.72 | 77.73 | 77.62 | 77.49 |
| $T_5$/K | 77.79 | 77.58 | 77.72 | 77.13 | 18.19 | 77.70 | 77.72 | 77.71 | 77.72 | 77.59 | 77.48 |
| $L_{\text{cav}}$/mm | 11.50 | 11.60 | 12.60 | 14.00 | 15.20 | 15.70 | 15.25 | 16.90 | 16.95 | 18.50 | 19.16 |

**表 3.5** 296B 工况不同蒸发系数与凝结系数下数值计算结果与试验数据对比

| $F_{vap}$ | 1 | 1 | 1 | 1 | 2 | 2 | 2 | 2 | 3 | 3 | 试验 |
|---|---|---|---|---|---|---|---|---|---|---|---|
| $F_{cond}$ | 0.01 | 0.005 | 0.001 | 0.0005 | 0.01 | 0.005 | 0.001 | 0.0005 | 0.001 | 0.0005 | 数据 |
| $p_1$/kPa | 29.55 | 29.22 | 29.55 | 29.53 | 28.98 | 29.51 | 28.93 | 28.98 | 29.21 | 28.09 | 26.98 |
| $p_2$/kPa | 29.58 | 30.89 | 29.62 | 29.68 | 29.18 | 29.11 | 30.92 | 29.60 | 31.73 | 29.16 | 27.57 |
| $p_3$/kPa | 49.19 | 48.89 | 47.12 | 47.22 | 30.93 | 49.26 | 45.56 | 44.43 | 38.55 | 37.40 | 32.79 |
| $p_4$/kPa | 46.70 | 46.69 | 46.57 | 46.56 | 47.33 | 46.54 | 46.77 | 46.79 | 46.90 | 47.01 | 47.20 |
| $p_5$/kPa | 48.31 | 48.29 | 48.21 | 48.20 | 48.37 | 48.17 | 48.28 | 48.28 | 48.27 | 48.30 | 48.13 |
| $T_1$/K | 87.70 | 87.80 | 87.62 | 87.70 | 87.35 | 87.08 | 87.73 | 87.58 | 88.01 | 87.15 | 86.57 |
| $T_2$/K | 88.18 | 87.88 | 88.11 | 88.10 | 87.41 | 88.06 | 87.89 | 87.92 | 87.91 | 87.62 | 87.22 |
| $T_3$/K | 88.58 | 88.81 | 88.61 | 88.60 | 88.17 | 88.29 | 88.71 | 88.58 | 88.44 | 88.59 | 88.08 |
| $T_4$/K | 88.68 | 88.52 | 88.58 | 88.62 | 88.91 | 88.49 | 88.64 | 88.61 | 88.57 | 88.49 | 88.47 |
| $T_5$/K | 88.69 | 88.53 | 88.59 | 88.63 | 88.90 | 88.50 | 88.63 | 88.59 | 88.59 | 88.48 | 88.43 |
| $L_{cav}$/mm | 12.13 | 12.10 | 12.15 | 12.90 | 15.15 | 14.20 | 14.00 | 14.60 | 14.80 | 15.75 | 16.66 |

为进一步说明改变空化模型中蒸发系数和凝结系数对预测结果的影响，图 3.11 给出了几种不同 $F_{vap}$ 和 $F_{cond}$ 下的水翼表面温度和压力分布，其中截面 1～截面 5 分别对应试验工况压力和温度监测点所在的 $xOy$ 截面。对比不同凝结

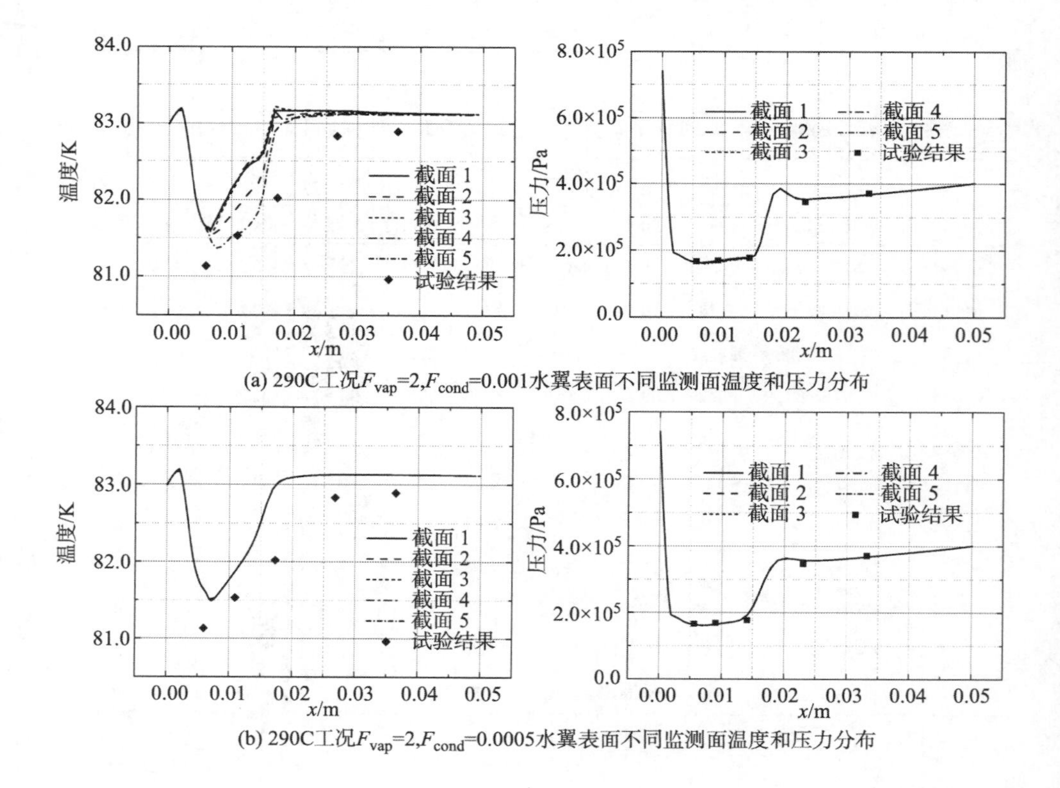

(a) 290C工况$F_{vap}$=2,$F_{cond}$=0.001水翼表面不同监测面温度和压力分布

(b) 290C工况$F_{vap}$=2,$F_{cond}$=0.0005水翼表面不同监测面温度和压力分布

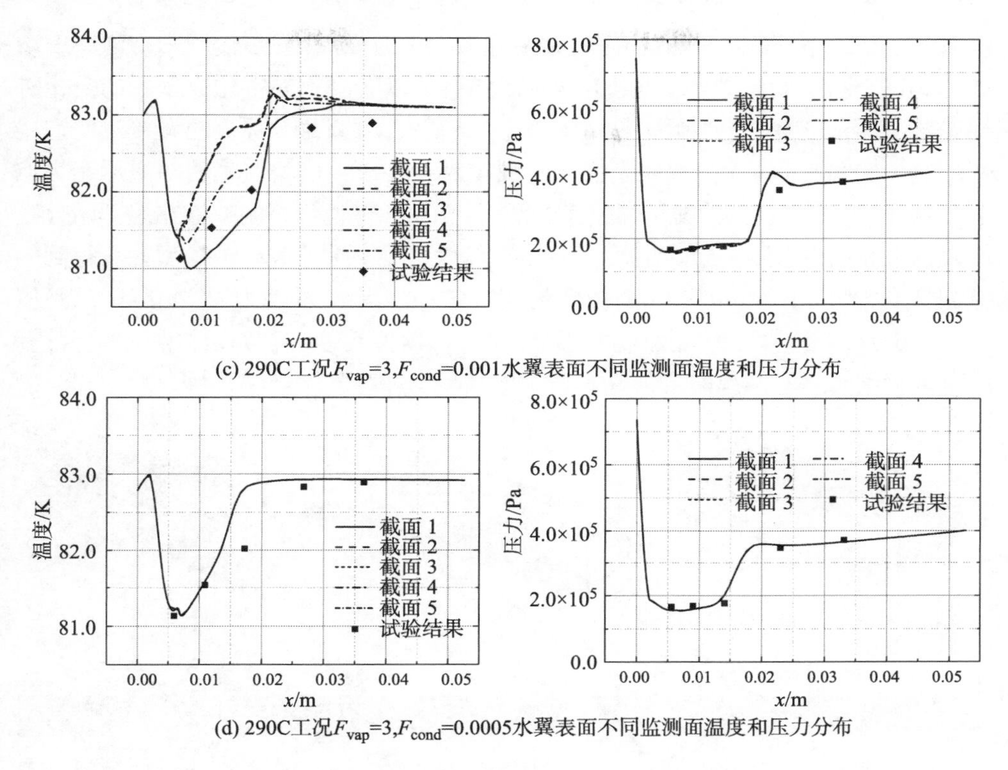


(c) 290C工况$F_{vap}$=3,$F_{cond}$=0.001水翼表面不同监测面温度和压力分布

(d) 290C工况$F_{vap}$=3,$F_{cond}$=0.0005水翼表面不同监测面温度和压力分布

图 3.11 不同修正系数下水翼表面温度和压力分布

系数下计算的温度和压力变化可知, 温度对蒸发系数变化比较敏感, 即体现为当凝结系数值较大时水翼不同截面温度分布不同, 比较明显的区域是从温降最大位置到恢复环境温度的空化区域, 而不同截面的压力分布基本相同, 所以以往对空化模型的蒸发系数和凝结系数的修正采用二维计算具有局限性, 不能较为全面地反映出空化流场的参数分布。

### 3.3.2 不同空化模型预测液氮空化流动对比与分析

3.3.1 小节通过修正 Zwart 空化模型经验系数改善了对热力学流体空化流动计算的预测能力。虽然 Zwart 空化模型在计算水介质空化流动问题时应用比较广泛, 但是对于热力学敏感流体空化流动的预测能力需要与其他空化模型进行对比, 所以本小节主要对 Zwart 空化模型、Kunz 空化模型和 Merkle 空化模型进行对比和评价, 在此基础上进一步分析液氢和液氮的空化流动特性。

#### 1. 空泡形态对比

为对比和分析不同空化模型下空化流场两相分布特性, 首先给出 290C 工况三种模型流场空化特性, 如图 3.12 所示。从图 3.12(a) 中三维空泡形态对比可以看出, 空化发生位置起于翼型头部, 并沿翼型向下游发展, 发展过程中空泡厚度增加, 且在空泡闭合位置出现回射流。从图中也可以看出不同空化模型下的空化特性差异: Zwart 空化模型计算得到的空泡厚度最大, 并且最大厚度位置接近空泡尾部, 空泡内部液相体积分数较小区域范围较大; Merkle 模型计算的空泡形态类似于椭球形, 整体气液交界面轮廓过渡圆滑; 而 Kunz 模型计算的空泡在尾部闭合区域表现尖锐, 回射现象更加明显, 并且空泡厚度最小。同时 Zwart 模型计算得到的空泡长度为 23.01 mm, Merkle 模型为 23.6 mm, Kunz 模型为 27.4 mm, 试验值为 22.96 mm。虽然三种模型计算的结果都与试验值接近, 但 Zwart 空化模型计算的空泡长度与试验结果吻合最好。

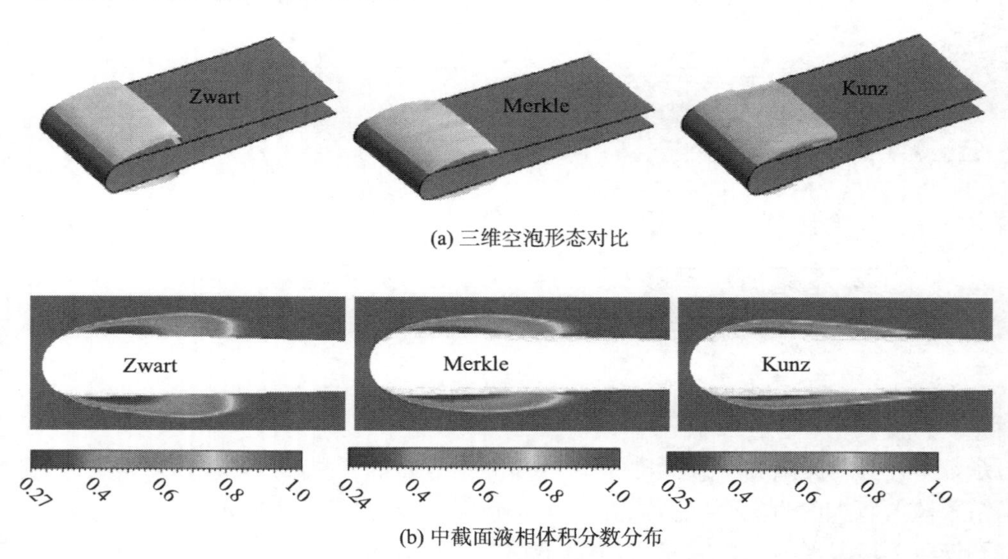


图 3.12 290C 工况三种空化模型计算的空泡形态和相分布特性对比 (彩图见封底二维码)

**2. 温度场和压力场分布对比**

为进一步对比三种空化模型计算结果的差异和验证数值计算结果的准确性, 图 3.13 给出了三种空化模型数值计算结果与 Hord 试验数据对比, 对比后表明不同空化模型计算的结果可反映空化区域温度和压力的变化趋势。

从图 3.13 不同空化模型计算结果可以看出, 不同工况下同一空化模型计算的压力和温度整体变化趋势一致, 在空化区域, 压力和温度值降低, 且压力和温度值并不保持恒定, 这主要是液氮等低温液体空化时热力学效应会引起空化区域温度降低, 而液氮饱和蒸气压是温度的函数, 且随温度变化敏感, 从而导致空化区域压强值呈梯度变化。三种空化模型计算的空化区域的最大压降、最大温降有差异, 且在空化区域压力和温度曲线变化的梯度不同。压力方面: 在空化区域 Zwart 模型

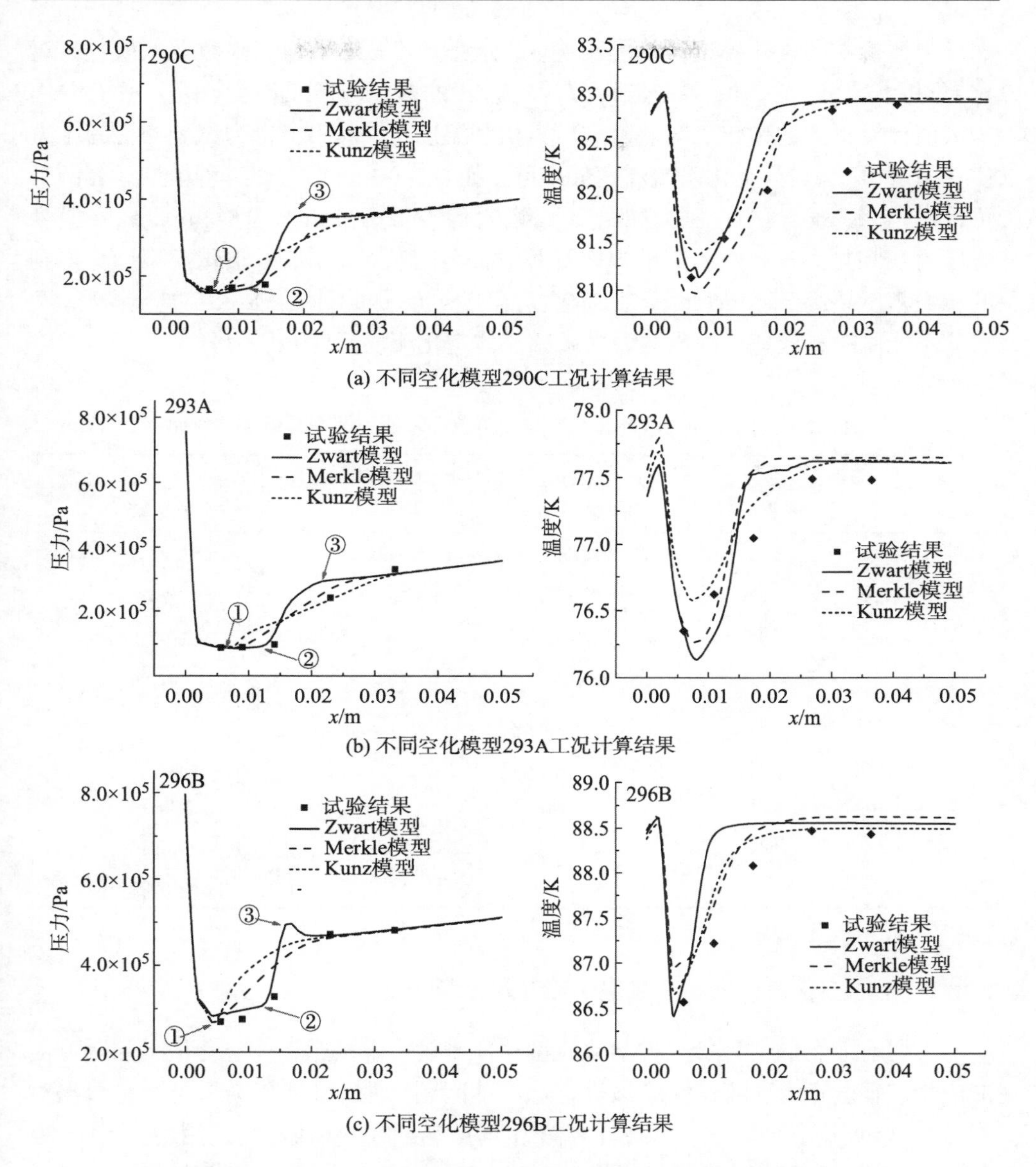


(a) 不同空化模型290C工况计算结果

(b) 不同空化模型293A工况计算结果

(c) 不同空化模型296B工况计算结果

图 3.13 三种空化模型下压力和温度计算结果与试验数据对比

计算得到的最大压降 (①位置) 最大, 在空化区域压力值相对稳定, 恢复到远场值压力曲线起点 (②位置) 滞后, 且变化梯度最大, Zwart 模型计算的空泡闭合区域 (③位置) 会有压力峰值; Kunz 模型计算的压力曲线梯度总体最小, Merkle 模型计算的压力梯度值介于两者之间。温度方面: 总体而言, Zwart 模型计算得到的温度曲线变化梯度最大, 空化区域最大温降值较大, Kunz 模型得到的温度曲线变化最缓慢, 且最大温降最小。

为评价不同空化模型计算的精确度, 分别将计算结果与试验数据差值进行对比, 分析 $|p-p_n|/p_n$ 和 $|T-T_n|/(T_\infty-T_{\min})$ 的期望与标准差 (其中, $p$ 和 $T$ 分别为数值计算得到的试验工况监测点压力值和温度值, $p_n$ 和 $T_n$ 为试验测得的压力值与温度值, $T_{\min}$ 为空化区域温度最小值), 如表 3.6 所示。对比三种模型计算结果可以看出, Kunz 模型在压力和温度预测方面均不好, Zwart 模型和 Merkle 模型对压力场和热力学效应引起的温降计算方面各有特色, Zwart 空化模型计算得到的压力精度要高于 Merkle 模型, 但是对温度的预测要弱于 Merkle 空化模型, 两者均不能同时有效地反映出热力学敏感流体空化流场温度和压力分布。

**表 3.6**　压力和温度计算结果与试验数据差值的期望与标准差对比

| 工况 | 模型 | $\lvert p-p_n\rvert/p_n$ 期望/% | $\lvert p-p_n\rvert/p_n$ 标准差/% | $\lvert T-T_n\rvert/(T_\infty-T_{\min})$ 期望/% | $\lvert T-T_n\rvert/(T_\infty-T_{\min})$ 标准差/% |
|---|---|---|---|---|---|
| | Zwart | 1.16 | 3.20 | 15.09 | 2.71 |
| 290C | Merkle | 1.22 | 4.04 | 7.01 | 7.74 |
| | Kunz | 4.01 | 15.59 | 9.95 | 9.20 |
| | Zwart | 4.41 | 15.59 | 5.34 | 13.96 |
| 293A | Merkle | 7.35 | 28.23 | 1.29 | 4.05 |
| | Kunz | 5.06 | 22.96 | 4.71 | 9.43 |
| | Zwart | 2.31 | 7.42 | 7.09 | 23.73 |
| 296B | Merkle | 3.31 | 9.80 | 4.30 | 15.14 |
| | Kunz | 5.43 | 17.01 | 2.23 | 2.45 |

### 3.3.3　不同空化模型预测液氢空化流动对比与分析

为更有效全面地评价三种空化模型在预测热力学敏感流体空化流动问题方面的应用, 本小节计算液氢绕尖顶拱空化流动问题, 通过将计算结果与试验数据对比, 进一步评价三种空化模型在计算热力学敏感流体空化流动的适用性。同样, 根据 Hord 试验选取三种试验工况作为计算工况, 如表 3.7 所示。计算模型和边界条件与 3.1 节中尖顶拱模型一致。

图 3.14 给出了三种空化模型下液氢绕尖顶拱空化流动数值计算结果, 沿尖顶拱周围轴向方向分布的压力和温度变化趋势与前面液氮绕水翼空化结果整体变化趋势一致, 数值计算结果与试验数据吻合较好。从压力分布曲线图中可以看出, 三种空化模型计算的 347B 和 366B 工况压力结果差异不明显, 在 513B 工况中 Zwart 模型计算的压力结果与试验数据最接近, 其次是 Merkle 模型。从三种空化模型计算得到的温度变化与试验对比可以看出, Zwart 空化模型计算得到的最大

表 3.7 计算工况和边界条件

| 工况 | 模型 | 介质 | $T_\infty$/K | $U_\infty$/(m/s) | $\sigma_\infty$ | $Re$ |
|---|---|---|---|---|---|---|
| 347B | 尖顶拱 | 液氢 | 20.51 | 53.1 | 0.35 | $2.6 \times 10^6$ |
| 366B | 尖顶拱 | 液氢 | 22.02 | 57.5 | 0.21 | $3.0 \times 10^6$ |
| 513B | 尖顶拱 | 液氢 | 20.94 | 62.6 | 0.28 | $3.1 \times 10^6$ |

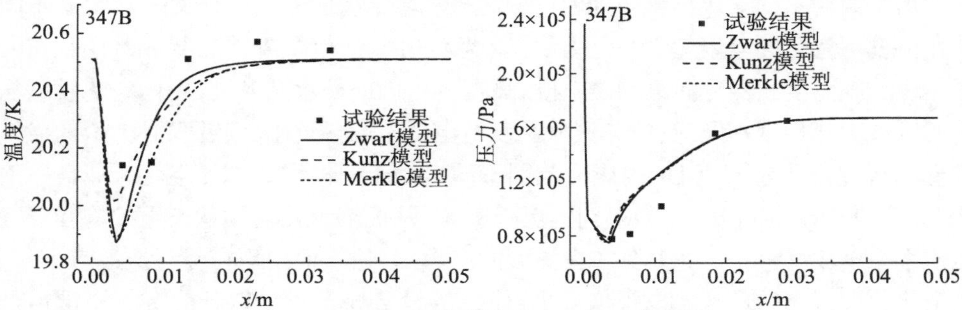

(a) 不同空化模型347B工况计算结果

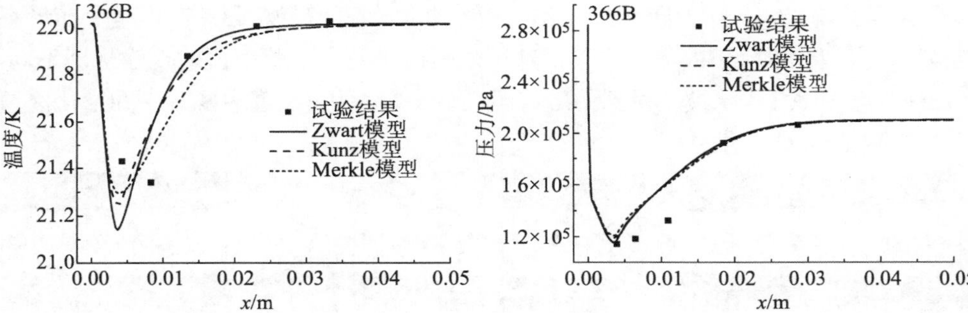

(b) 不同空化模型366B工况计算结果

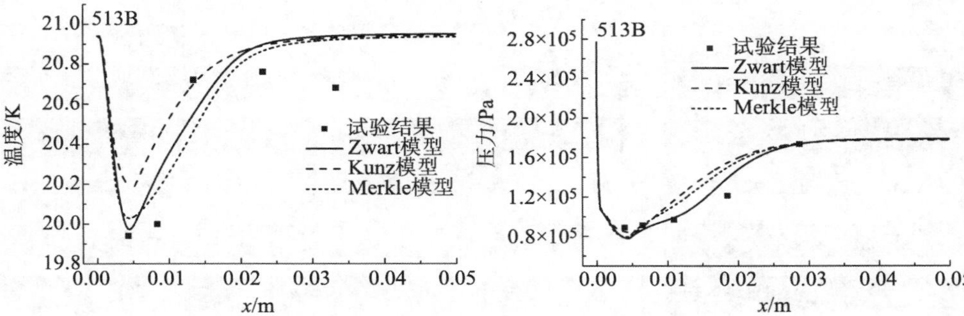

(c) 不同空化模型513B工况计算结果

图 3.14 液氢中三种空化模型计算的压力和温度结果与试验数据对比

温降值最高, Zwart 空化模型和 Merkle 空化模型对温度场的预测要优于 Kunz 空化模型。综合对比可以看出, Zwart 空化模型和 Merkle 空化模型对尖顶拱在液氢中空化流动的温度变化预测较准确, Zwart 模型可较好地计算出尖顶拱周围压力场分布。综合对比, 三种空化模型在计算不同介质和不同几何模型下热力学空化流动问题时, Zwart 空化模型具有较好的适用性。

### 3.3.4 热力学效应下不同空化模型质量传输特性对比

为了说明不同空化模型得到的空化区域流场结构的差异。图 3.15 给出了不同空化模型下空化区域温度 $T$、压力 $p$、蒸发源项 $\dot{m}^-$ 以及凝结源项 $\dot{m}^+$ 的分布云图。图 3.15 温度云图分布显示, 空化区域温度由内向外逐渐升高, 不同空化模型显示的温度变化梯度不同, 且空化区域温度范围也不同。压力 $p$ 云图显示, Merkle 模型低压区域范围较大, 流场内压力范围不同, Merkle 模型计算的空化区域最小值最低, 这是由于 Merkle 模型得到的温降最大, 从而当地热力学状态下的饱和蒸气压值小。蒸发源项 $\dot{m}^-$ 主要分布在翼型的肩部, 且最大值出现在空化的最前缘, 三种空化模型得到的最大蒸发源项值也不同, 虽然 Zwart 模型得到的 $\dot{m}^-$ 下限值最小, 但是空化流场中的最小温度值不是最高的, 这说明流场温度由蒸发源项和凝结源项共同影响。对于凝结源项 $\dot{m}^+$, Kunz 模型的 $\dot{m}^+$ 分布范围最广, 但是分布形态与 Zwart 模型和 Merkle 模型不同, 这可能是由于不同空化模型的传输机理不同。Zwart 模型和 Merkle 模型得到的凝结源项分布特性相似, 都主要集中在空化区域

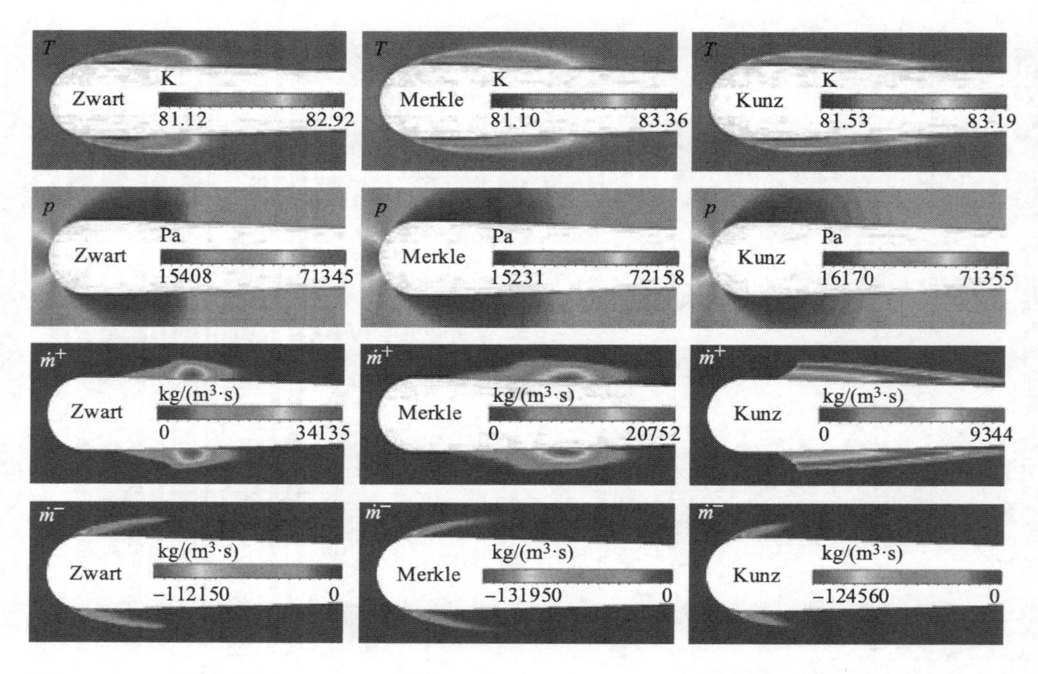


图 3.15 三种空化模型下 290C 工况温度、压力、蒸发源项以及凝结源项对比 (彩图见封底二维码)

的下游, 且最大值出现在空泡闭合位置。Kunz 模型计算的 $\max(m^+)/\max(-m^-)$ 值较小, 这就导致空化区域较大, 空泡内最大温降较弱, 空泡尾部压降和温度恢复到无穷远处的压力和温度梯度较小。Zwart 模型计算的 $\max(m^+)/\max(-m^-)$ 的值最大, Merkle 介于 Zwart 模型和 Kunz 模型之间。结合图 3.12 三种模型下的空泡形态可知, $\max(m^+)/\max(-m^-)$ 越大, 计算得到的空泡厚度越大。可见, 蒸发源项和凝结源项的分布特性影响着流场空泡形状、压力分布和温度变化等。

三种空化模型计算空化区域流场特征的不同主要是由于各个空化模型体现的物理机理有区别。Zwart 模型凝结源项起主导作用的是 $p-p_v(T)$ 差值, 从而使得空泡闭合区域压力曲线变化梯度较大; 在空泡闭合区域 Zwart 模型的 $\dot{m}^+$ 整体较大, 所以凝结过程放出的热量更多, 温度恢复到环境温度迅速。Merkle 模型推导建立过程用大气泡群代替单个气泡, 蒸发源项和凝结源项方程直接与压力差相关, 这区别于 Zwart 模型压力差的平方根; Kunz 模型中 $\dot{m}^-$ 和 $\dot{m}^+$ 的质量传递建立是基于两种不同策略, 从液相到气相的转换主要取决于空化区域压力低于饱和蒸气压的差值, 而从气相到液相转换时, 质量传输是体积分数的三阶多项式, 所以体积分数的改变对 $\dot{m}^+$ 影响显著。

针对三种空化模型在不同几何模型和不同介质中的流动计算对比与分析, 综合考虑空化区域的压降、温降以及空泡长度, Zwart 空化模型和 Merkle 空化模型的计算结果与试验数据最为接近。但是在温度场分布上与试验数据有些差别, 这可能是由于现有的空化模型是基于常温水推导建立的, 在蒸发源项和凝结源项中没有考虑空化的热力学效应。相比于 Merkle 空化模型, Zwart 空化模型基于考虑空泡体积的增长和溃灭, 同时考虑了空化汽核的影响, 对于非定常空化流动比较适用。所以综合考虑空化模型对热力学敏感流体空化流动的适用性, 本书对 Zwart 空化模型进行修正, 在蒸发源项和凝结源项中引入热力学效应, 并对修正模型的预测能力进行评价。

## 3.4 考虑热力学效应的修正空化模型应用与评价

通过 3.3 节对空化模型在预测热力学敏感流体空化流动方面的分析得出, 修正经验常数的 Zwart 空化模型在预测液氢和液氮空化流场特性方面体现出较好的适用性, 但与试验测得的压力和温度数据仍有较小差别, 这是由于 Zwart 空化模型中只考虑压力驱动空化的发生, 未引入空化热力学效应。本小节采用基于空化过程热平衡得出的热力学空化模型进行数值计算, 热力学空化模型采用的蒸发系数和凝结系数分别为 $F_{\mathrm{vap}}=3$, $F_{\mathrm{cond}}=0.0005$, 计算工况为表 3.2 中的液氮绕水翼空化流动的三种工况。

图 3.16 给出了不同工况下, 考虑热力学效应的修正空化模型和原始 Zwart 空化模型计算的水翼表面压强分布和温度分布。从图中可知, 相比于 Zwart 空化模型计算结果, 热力学空化模型得到的最大压降和最大温降发生变化, 尤其体现在空泡下游区域。修正后的模型得到的空泡尾部温度变化梯度减小, 空泡闭合位置向后移动。修正的空化模型计算得到的温度、压强分布与试验结果吻合更好, 从而

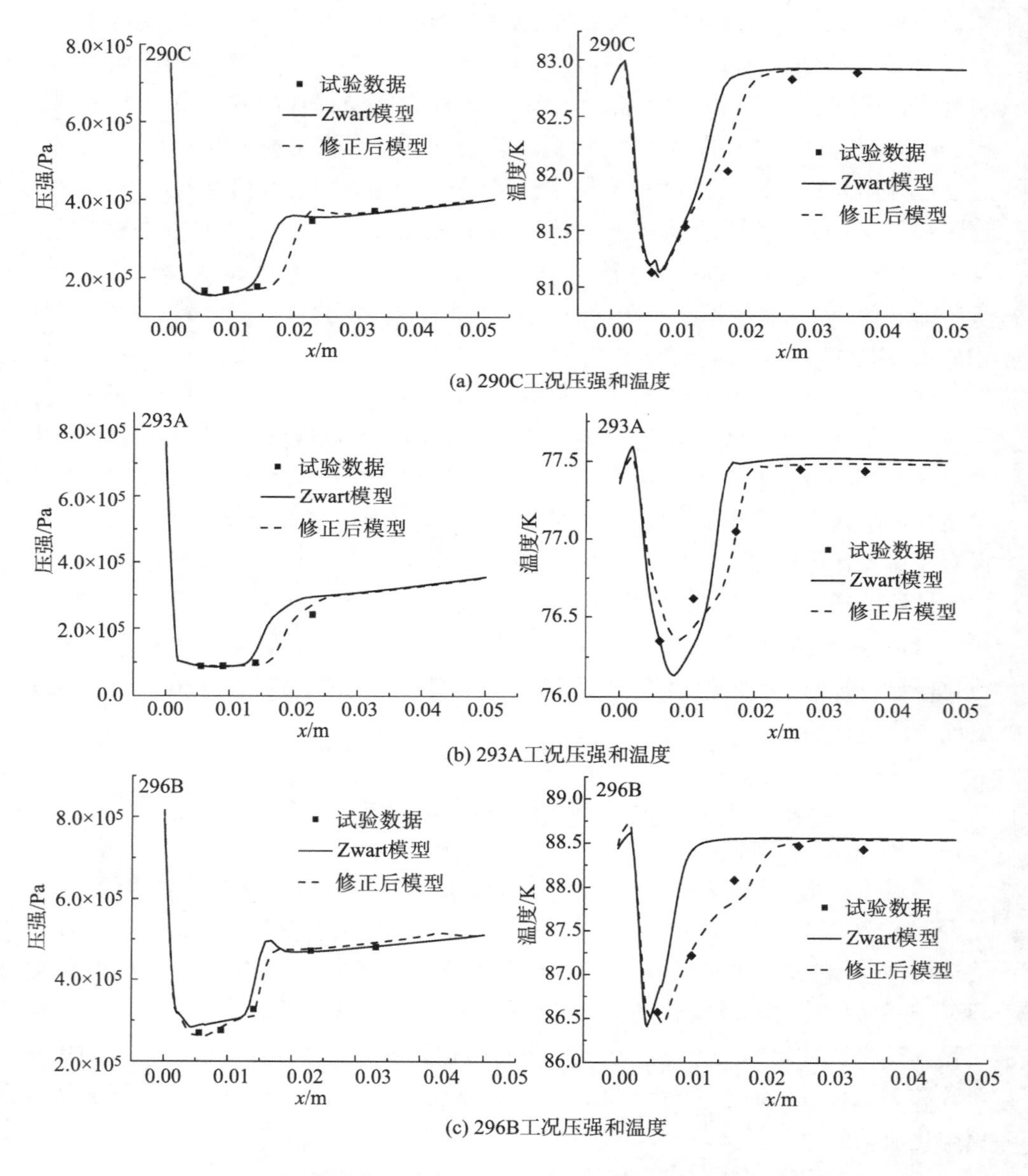

(a) 290C工况压强和温度

(b) 293A工况压强和温度

(c) 296B工况压强和温度

图 3.16　修正模型后不同工况下压强和温度分布与试验数据对比

验证了考虑热力学效应空化模型对热力学敏感流体空化流动的适用性。修正空化模型之所以会引起空化区域的压强和温度发生变化，其本质是改变空化区域气液两相之间的质量传输率。结合 2.2.4 小节中公式 (2.24) 和公式 (2.25) 表征的蒸发源项和凝结源项，由蒸发源项和凝结源项分布云图可知，考虑热力学效应后蒸发率会减小，所以空化区域气化潜热引起的温度变化减小，虽然凝结率也减小，但是由前面的分析我们知道，凝结过程比蒸发过程要慢得多，所以凝结过程放热引起的温度变化在空泡下游变化较弱，即蒸发率减小引起空化下游温度的变化程度要大于凝结率引起的温度变化程度。所以考虑热力学效应的模型计算的温度场在空化下游变化梯度减小，压力变化也变得缓慢。

## 3.5 液氢和液氮空化流动特性对比

为对比液氢和液氮两种介质空化流动特性，现根据 Hord 试验数据随机选取四种不同工况，其远场温度 $T_\infty$、入口流速 $U_\infty$ 和入口空化数 $\sigma_\infty$ 如表 3.8 所示。计算过程中保持计算网格、湍流模型、空化模型、边界条件以及试验参数等条件一致。通过对比两种介质下空化区域两相分布特性、翼型周围压力和温度数据等综合参数，分析液氢和液氮空化特性的差异。

**表 3.8** 计算工况和边界条件

| 工况 | 几何模型 | 介质 | $T_\infty$/K | $U_\infty$/(m/s) | $\sigma_\infty$ |
|---|---|---|---|---|---|
| 254C | 水翼 | 液氢 | 20.53 | 51.0 | 1.44 |
| 260D | 水翼 | 液氢 | 20.81 | 50.2 | 1.57 |
| 290C | 水翼 | 液氮 | 83.06 | 23.9 | 1.70 |
| 296B | 水翼 | 液氮 | 88.54 | 23.7 | 1.61 |

### 3.5.1 压力及温度分布特性

图 3.17 给出了液氢和液氮空化流动水翼表面压力和温度分布，其中定义压降 $\Delta p = p - p(T_\infty)$，温降 $\Delta T = T - T_\infty$。

从图 3.17 可知，在液氢 254C 和 260D 工况中，254C 工况的空化闭合区域压力恢复到远场时压力梯度较小，低压区域较大；254C 工况和 260D 工况空化数不同，但是在空化区域最大温降比较接近，在空化下游区域二者计算的压力和温度差别较大。在液氮空化流动 290C 和 296B 工况中，虽然 296B 工况入口空化数较小，但其空化强度较弱，且最大压降低于 290C 工况，290C 工况和 296B 工况对比表明，入口空化数较小时热力学效应抑制作用更明显，所以在液氮空化中入口空化数不能充分体现空化强度的大小。对比液氢和液氮空化流动, 液氮计算得到的压力变化和温度变化较为迅速, 变化曲线梯度较大, 且液氮空化空泡闭合位置压力分布出现凸起。可见不同属性的热力学敏感介质发生空化流动时, 空化流场特性不同。对于计算的工况, 液氮的液气密度比要大于液氢的液气密度比, 所以在气液两相转变过程中要剧烈, 从而引起液氮空化流场中的压力和温度变化梯度较大。

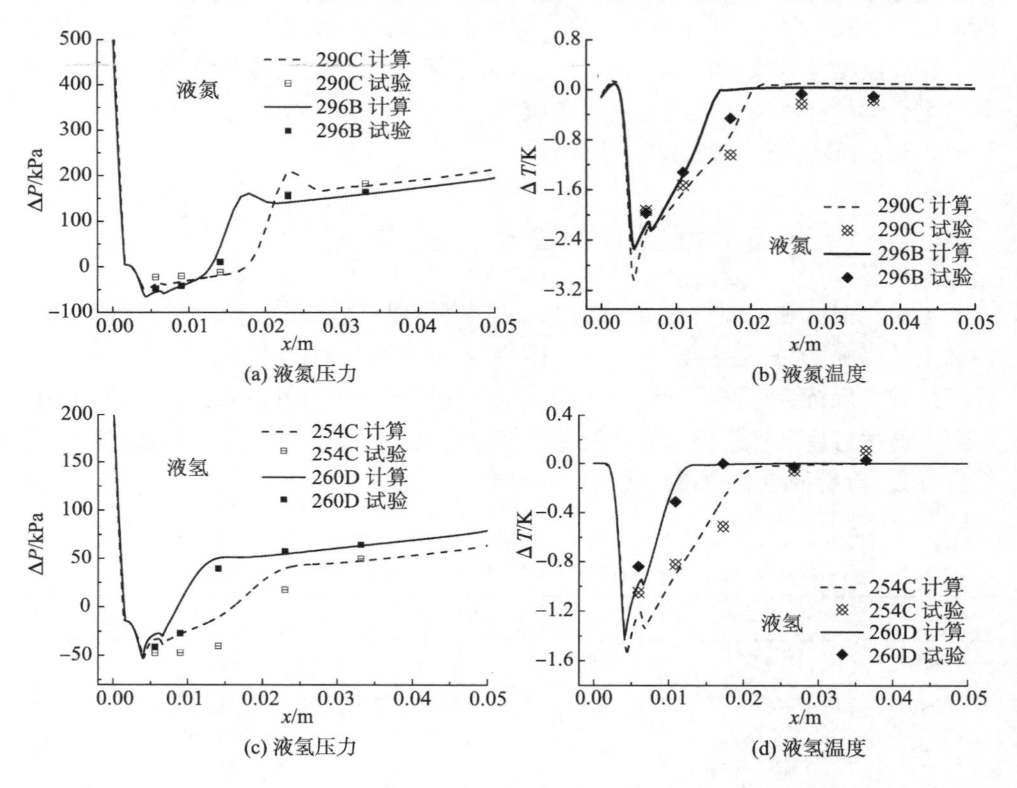


图 3.17　液氢、液氮介质空化区域压力和温度分布对比

在空化热力学敏感介质中, 最大压降和温降百分比是评价热力学影响的重要参数之一。根据图 3.17 的计算结果, 表 3.9 总结了四种工况下最大压降 $|\Delta p\%| = (p_{\min} - p_{\mathrm{v}}(T_\infty))/p_{\mathrm{v}}(T_\infty)$ 和温降 $|\Delta T\%| = (T_{\min} - T_\infty)/T_\infty$ 百分比数据。四种计算工况下虽然空化数接近, 但是液氢最大压降百分比超过 40%, 最大温降百分比大于 6%, 而液氮的压降最大百分比分别为 27.52% 和 20.60%, 最大温降在 3% 左右, 液氢空化流场内压力和温度的改变要明显得多, 可见在空化数相近时, 热力学效应对液氢空化特性的影响更加显著。

表 3.9 最大压降和温降百分比

| 工况 | 介质 | $\|\Delta p\%\|$ | $\|\Delta T\%\|$ |
|---|---|---|---|
| 254C | 液氢 | 49.20% | 7.47% |
| 260D | 液氢 | 44.87% | 6.76% |
| 290C | 液氮 | 27.52% | 3.65% |
| 296B | 液氮 | 20.60% | 2.88% |

### 3.5.2 气液两相分布及质量传输特性对比

为进一步对比分析两种介质空化特性的差异, 图 3.18 给出了 254C 和 290C 工况稳态计算空化流场的特性对比。图 3.18(a) 两种工况下三维空泡形态沿水翼跨度方向基本呈均匀对称分布, 均形成了稳定的空泡, 从图中也可初步看出, 二者空泡形态稍有差异, 在 254C 液氢工况计算的空泡较厚。同时, 图 3.18(a) 给出了水翼表面压力场分布, 可见压力沿水翼跨度方向基本呈对称均匀分布, 压力在水翼前缘最大, 在水翼靠近前缘位置形成低压区, 并沿流动方向, 压力逐渐恢复。从图中可以看出, 290C 工况低压区域分布较大, 在空化闭合区域压力梯度变化较大, 在空泡内部水翼表面压力等值线呈 U 形分布, 可见在三维计算中可获得壁面效应对空泡形态和压力分布的影响。图 3.18(a) 也给出了流场内部速度矢量分布图, 可以看出, 在靠近水翼前缘位置速度变化梯度较大, 在空泡内部及闭合位置未见明显的回射流现象。

为更有效地对比空泡特征, 图 3.18(b) 给出了 254C 和 290C 工况在水翼中截面液相体积分数分布 (上半区域) 和压力分布 (下半区域)。从压力云图分布可以进一步看出, 254C 工况低压区域覆盖范围较小, 压力沿水翼跨度方向变化梯度不明显。在热力学状态下空化区域压力分布实际反映着空泡内两相分布特性, 空泡内在液相向气相转化的过程中, 由于发生温降, 所以空泡压强与当地温度下饱和蒸气压直接相关; 同时液氮高密度比导致液氮空化流场压力梯度变化明显。

从图 3.18(b) 可知, 两种工况下空泡长度基本一致, 但是空泡形态轮廓和液相体积分数分布有所差异。两种工况下水翼表面液相最小体积分数都大于零, 这主要是低温液氢和液氮属性对温度变化敏感, 同时液气密度比值较小, 使得在质量传输过程中液相向气相转换不充分, 这与参考文献 [9], [10] 中结果一致。在液氢 254C 工况中空泡形态近似呈椭圆形, 液相最小体积分数为 0.45, 在空化闭合区域气相向液相转换的凝结过程缓慢, 表现为液相体积分数变化梯度较小。而在液氮 290C 工况中空泡最大厚度发生在空化下游区域, 空泡内液相最小体积分数比液氢中小, 最小值为 0.2, 可见在水翼周围空化强度较大, 同时在空泡尾部闭合位置气相向液相转化的体积分数变化梯度较大, 这也进一步解释了液氢空化闭合区域压力变化缓慢和液氮空化空泡尾部出现压力峰值的原因。同时根据 Hord 实验观测, 液氮和液氢空泡呈不透明的泡雾状, 这与水空化空泡气液界面清晰有明显的不同, 计算得到图 3.18(b) 中的体积分数分布特性, 有效地解释了液氮和液氢空泡呈泡雾状现象的问题。

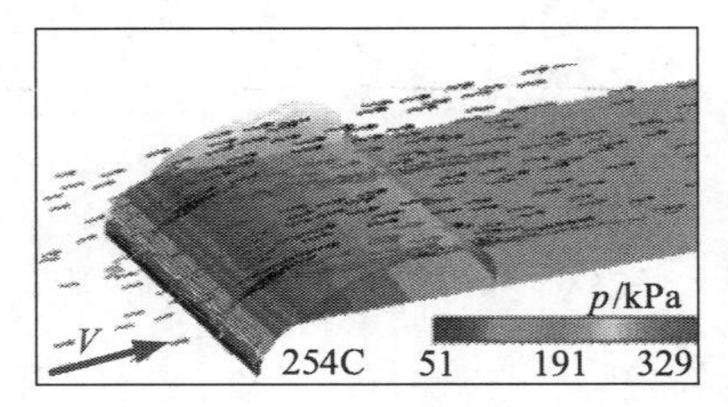


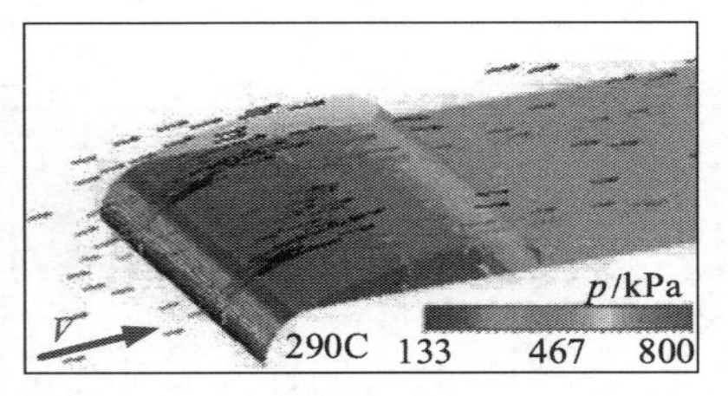


(a) 254C和290C工况三维空泡形态、压力和速度矢量分布

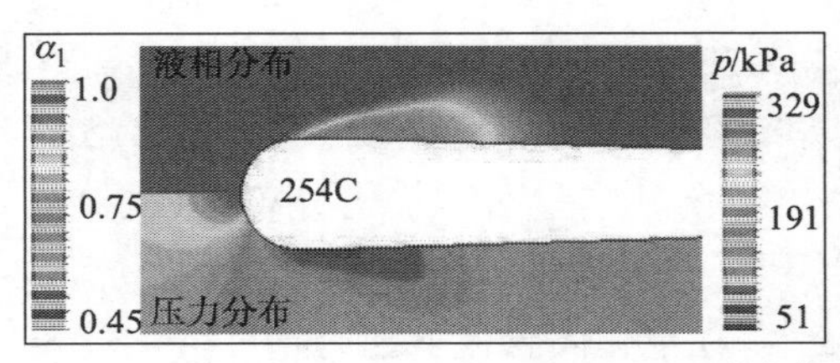


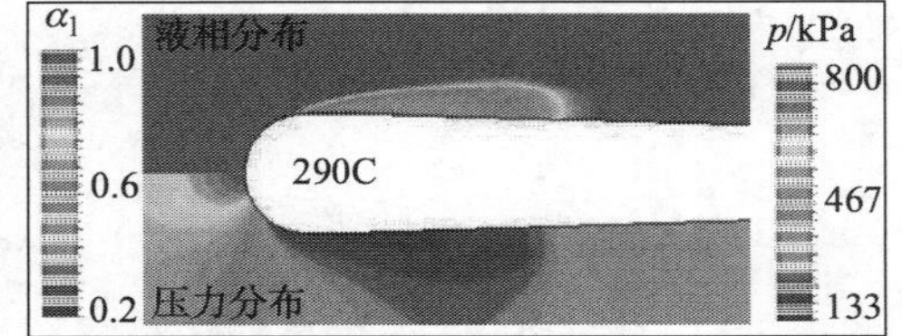


(b) 254C和290C工况中截面压力和液相体积分数分布

图 3.18　液氢和液氮空化流场特性对比 (彩图见封底二维码)

空化过程气液两相间质量传输率对流场分布特性具有重要影响, 为深入分析上述计算结果, 图 3.19 给出了 254C 和 290C 工况水翼表面蒸发源项和凝结源项的分布曲线。可以看出两种介质中蒸发源项 $m^-$ 明显大于凝结源项 $m^+$, 从而证明了低温流体中气化过程速度要比凝结过程快得多, 这与常温水中的结论一致。在图 3.19(a) 中最大蒸发率发生在 $x = 0.0035$ m 位置 (图中①和②), 结合压力和温度变化曲线, 可知最大温降和压降发生在空化区域最大蒸发率位置。图 3.19(b) 中 290C 工况凝结源项峰值 (图中③位置) 明显较大, 且曲线变化陡峭, 即体现为液氮空化时在空泡尾部闭合区域气液两相间传输剧烈。不同工况的计算结果均表明液氮的 $m^-$ 和 $m^+$ 值大于液氢, 图 3.19(a) 液氮在①位置的值约为液氢在②位置的 4 倍, 已知两种介质属性, 290C 工况 $T = 83$ K 时, 液气密度比为 95, 液氢 254C 工况 $T = 20.5$ K 时, 液气密度比为 50, 两种工况操作温度下液氮液气密度比约为液氢的 2 倍, 可见液气密度比不能完全反映出空化过程两相间的质量传输, 结合方程 (2.24) 和方程 (2.25) 可知, 空化区域两相密度、体积分数以及压力分布等因素综合影响着气液两相间质量转化的大小。

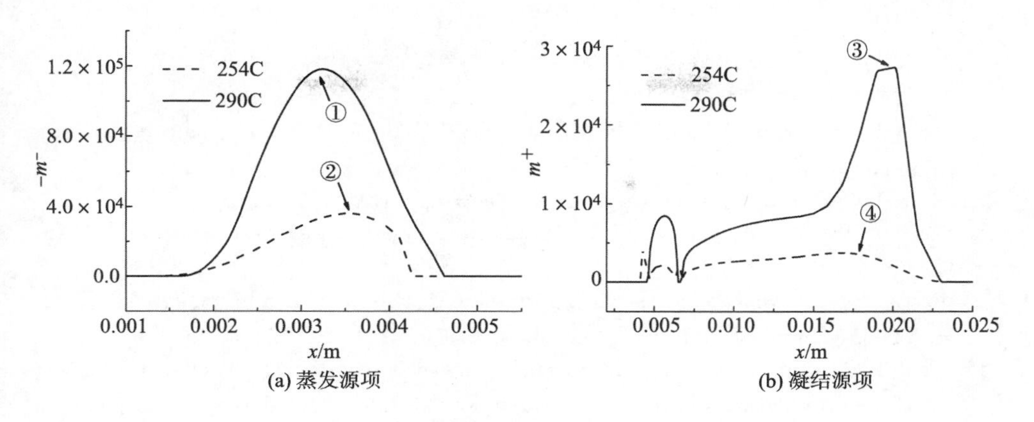

(a) 蒸发源项　　　(b) 凝结源项

图 3.19　液氢和液氮空化质量传输率对比

## 3.6 小　结

热力学效应抑制空化的发生, 并影响空化流场特性。考虑气化潜热后会使空泡长度缩短, 抑制空化的发生, 空化流场发生温度的降低, 导致当地饱和蒸气压减小, 使得翼型表面压力呈梯度变化。对比液氢与水介质空化特性, 液氢空化时流场内液相体积分数最小值较高, 气液两相之间的质量转化大于水的转化量。修正空化模型的蒸发系数和凝结系数可提高数值计算的准确性。对于 Zwart 模型, 当蒸发系数 $F_{vap}$ 一定时, 随着凝结系数 $F_{cond}$ 的增加, 空化强度变弱, 空泡内的最大压降和温降减小; 当凝结系数 $F_{cond}$ 一定时, 随着蒸发系数 $F_{vap}$ 的增加, 空泡内最大温降和压降增大。修正 $F_{vap}$ 和 $F_{cond}$ 后可提高对空化流场内温度、压力以及空泡长度的预测精度, 当 $F_{vap}=3$, $F_{cond}=0.0005$ 时, 数值计算结果与试验数据吻合较好。考虑热力学效应修正 Zwart 空化模型可有效描述空化流场参数。Kunz 空化模型计算的压力和温度分布与试验结果相差最大, Zwart 空化模型和 Merkle 空化模型在预测空化流场温度和压力方面优于 Kunz 空化模型。基于 Zwart 空化模型给出的热力学空化模型计算的压力、温度以及空泡长度与试验结果吻合较好。热力学敏感流体介质属性影响着空化流场特性。由液氢和液氮两种介质空化流动特性对比可以看出, 液氮计算得到的流场压力变化和温度变化迅速, 变化曲线梯度较大。在气液两相传输方面, 液氮空化时在空泡尾部闭合区域气液两相间传输剧烈, 且在空化数相近时, 液氮空化时的蒸发率和凝结率都较大。

# 参考文献

[1] Hord J. Cavitation in liquid cryogens: hydrofoil. Ⅱ [J]. National Aeronautics and Space Administration, 1973.

[2] Hord J. Cavitation in liquid cryogens Ⅲ—Ogives [J]. NASA CR-2242, 1973.

[3] Hord J, Anderson L M, Hall W J. Cavitation in liquid cryogens. 1: Venturi [J]. NASA CR-2045, 1972.

[4] Rouse H, McNown J S. Cavitation and Pressure Distribution: Head Forms At Zero Angle of Yaw [M]. Iowa: State University of Iowa, 1948.

[5] Goel T, Thakur S, Haftka R T. Surrogate model-based strategy for cryogenic cavitation model validation and sensitivity evaluation [J]. International Journal for Numerical Methods in Fluids, 2008, 58(9):969-1007.

[6] Morgut M, Nobile E. Numerical predictions of cavitating flow around model scale propellers by CFD and advanced model calibration [J]. International Journal of Rotating Machinery, 2012, 2012(8): 1-11.

[7] Tseng C C, Shyy W. Modeling for isothermal and cryogenic cavitation [J]. International Journal of Heat and Mass Transfer, 2010, 53(1):513-525.

[8] 马相孚. 低温流体空化特性数值研究 [D]. 哈尔滨: 哈尔滨工业大学, 2013.

[9] Hosangadi A, Ahuja V, Ungewitter R J. Generalized numerical framework for cavitation in inducers [C]. ASME/JSME 2003 4th Joint Fluids Summer Engineering Conference, American Society of Mechanical Engineers, 2003: 1239-1249.

[10] Huang B, Wu Q, Wang G. Numerical investigation of cavitating flow in liquid hydrogen [J]. International Journal of Hydrogen Energy, 2014, 39(4):1698-1709.

# 第 4 章　定常空化流动影响因素规律

低温流体空化相比常温水的空化, 其热力学效应显著, 前面章节比较分析了这种差别, 其中影响其流动特性的因素也更多、更复杂。在实际工程应用中, 了解哪些因素会对热力学敏感流体空化流动产生影响, 并掌握有关变化规律, 就显得十分重要。本章基于前面所述考虑热力学效应的修正空化模型和可实现的 $k$-$\varepsilon$ 湍流模型, 以液氮和液氢绕二维圆头型水翼的定常空化为例, 比较这两种热力学敏感流体的空化热力学效应。同时, 描述来流速度、来流温度和远场压强等流动参数对翼型表面压强、温度、液相体积分数和空泡长度的影响和变化规律。

## 4.1　计算模型和边界条件

Hord 在 1973 年进行了液氮和液氢绕水翼空化试验 [1], 其试验结果形成详细的数据库, 被广泛应用于验证数值模拟的准确性 [2−4], 其试验管路和水翼结构分别如图 4.1 和图 4.2 所示。

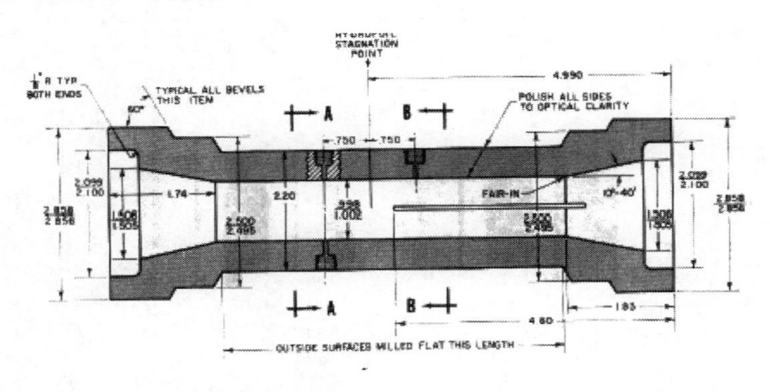


图 4.1　试验管路

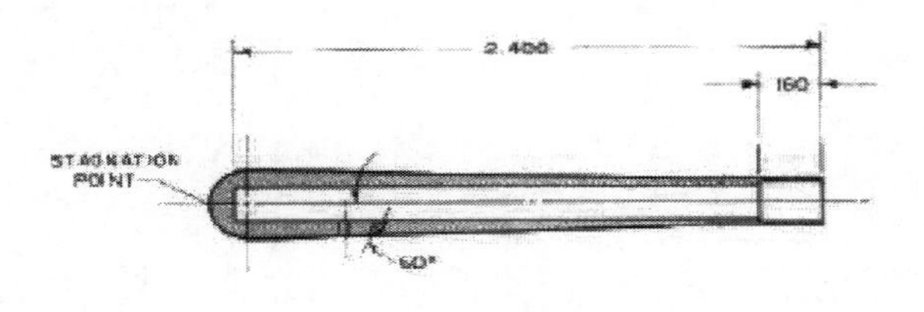


图 4.2　水翼结构

根据上述试验结构进行二维原型建模, 模型尺寸: 流场长为 162 mm、高为 12.7 mm, 水翼长为 63.5 mm、头部半径为 3.96 mm。图 4.3 给出了几何框图和边界条件, 计算域入口边界条件采用速度入口, 出口边界条件采用压力出口, 流域上边界采用绝热无滑移固壁边界, 流域下边界采用对称边界, 翼型表面采用绝热无滑移固壁边界。

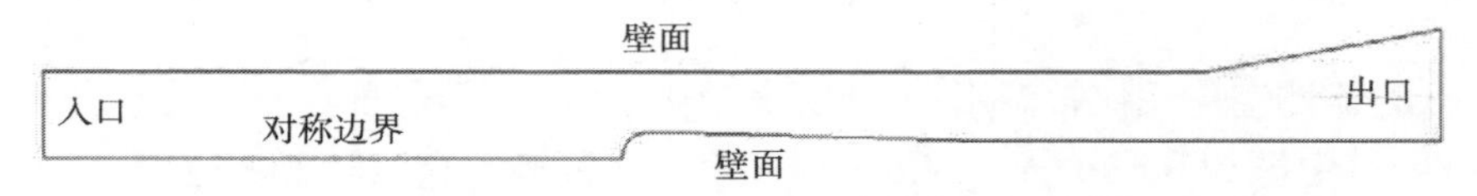


图 4.3　模型的几何框图和边界条件

计算域采用四边形结构化网格划分, 网格数量约 3.7 万, 翼型附近网格加密, 如图 4.4 所示。近壁面 $y^+$ 值在 $20 \sim 60$, 满足壁面函数要求。为验证网格的有效性, 采用三种密度的网格计算液氮绕水翼无空化单相流的表面压力系数, 并与试验数据 [1] 进行对比, 如图 4.5 所示。其中 $c$ 为水翼弦长, 网格 1 为 1.2 万, 网格 2 为 1.8 万, 网格 3 为 3.5 万。对比可见, 三种密度的网格计算的结果差别不大, 和试验数据吻合较好, 本章选择网格 2 进行数值模拟研究。

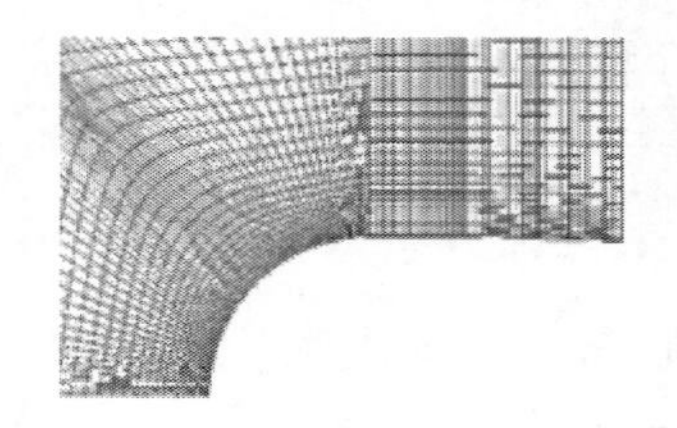

图 4.4　水翼局部网格

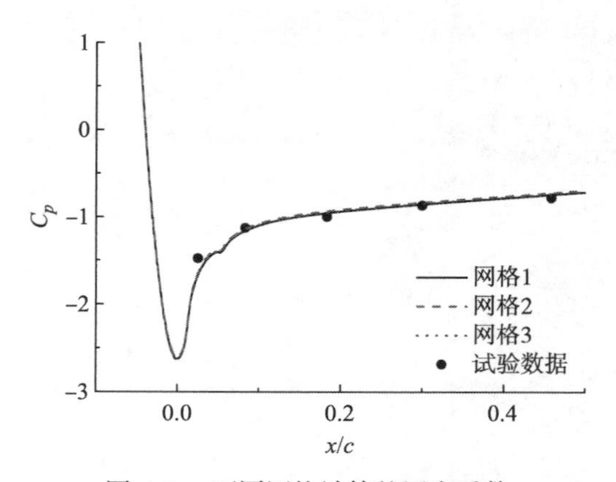


图 4.5　不同网格计算的压力系数

本节采用定常流动模型进行模拟, 但实际流动为非定常过程, 为了验证计算方法的有效性, 对文献 [1] 中 290C 试验工况采用非定常模型进行模拟, 采用 Singhal

空化模型和可实现的 $k$-$\varepsilon$ 湍流模型。图 4.6 给出了空泡发展过程的液相体积分数云图。起始阶段, 空泡迅速发展成长, 而后趋缓, 在 $t = 1.9$ ms 时空泡成长完成, 直到 $t = 55$ ms 及以后空泡长度几乎不再变化。空泡总体上趋于定常状态, 试验 [1] 中也观测到这样的定常片状空泡, 并且水翼表面压强和温度数据也是在这种状态下测得的。图 4.7 给出了定常求解和非定常求解空泡稳定时的水翼表面压强

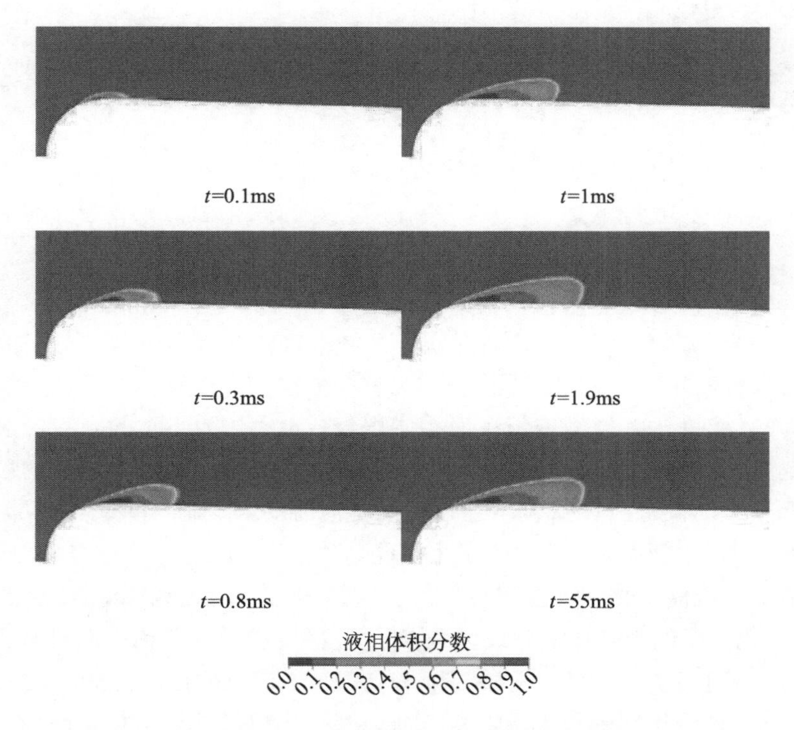


图 4.6 空泡发展过程的液相体积分数云图 (彩图见封底二维码)

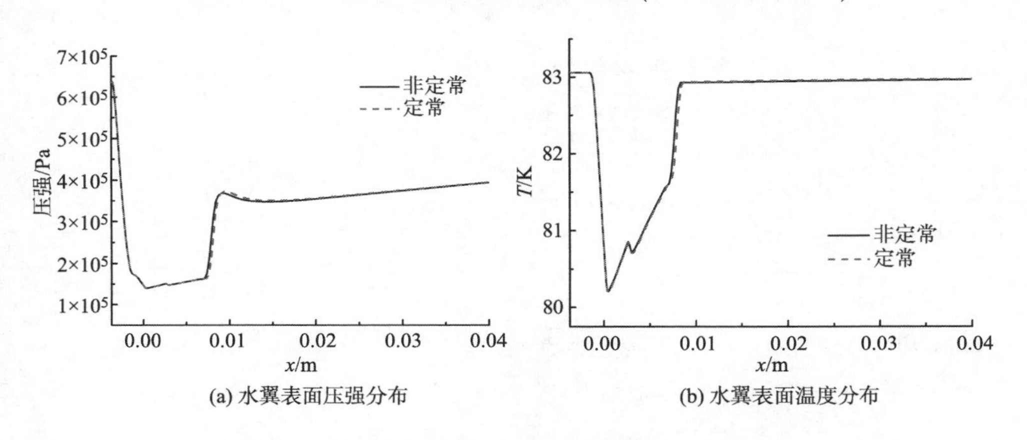


图 4.7 定常和非定常情况下, 水翼表面压强和温度分布

和温度分布。如图所见, 两种模型求解的结果较为一致。

## 4.2　液氮空化流动的热力学效应

计算工况根据 Hord 试验工况, 见表 4.1。

**表 4.1**　计算工况

| 计算工况 | 液体 | $T_\infty$/K | $U_\infty$/(m/s) | $\sigma_\infty$ |
|---|---|---|---|---|
| 290C | 液氮 | 83.06 | 23.9 | 1.7 |
| 290E | 液氮 | 83.22 | 23.8 | 1.7 |
| 296B | 液氮 | 88.54 | 23.7 | 1.61 |

图 4.8 给出了 290C 和 296B 工况下水翼表面压力系数和温度分布与试验数据的对比曲线, 图 4.9 给出了两种工况下水翼表面液相体积分数的分布曲线。计算得到的水翼表面压力系数和温度分布与试验数据吻合较好, 290C 的空泡长度大于 296B 的空泡长度, 空泡内最小液相体积分数也小于 296B 的空泡内最小液相体积分数, 说明 290C 的空化强度高于 296B 的空化强度。但是 296B 的来流空化数小于 290C 的来流空化数, 对于常温水的空泡流动, 来流空化数是衡量流动中空化强度的标志, 来流空化数越小, 空化强度越大, 空泡长度越长。可是, 来流空化数在衡量低温流体空化强度上出现偏差。这是因为, 在低温流体空化中热力学效应显著, 空化相变的吸热过程导致空泡内温度降低, 液氮的气化压强对温度变化敏感, $T = 83.06$ K 时, $\mathrm{d}p_\mathrm{v}/\mathrm{d}T = 19$ kPa/K, $T = 88.54$ K 时, $\mathrm{d}p_\mathrm{v}/\mathrm{d}T = 27$ kPa/K, 表 4.2 统计了两种工况的最大温降和压降。可见, 296B 工况的热力学效应比 290C

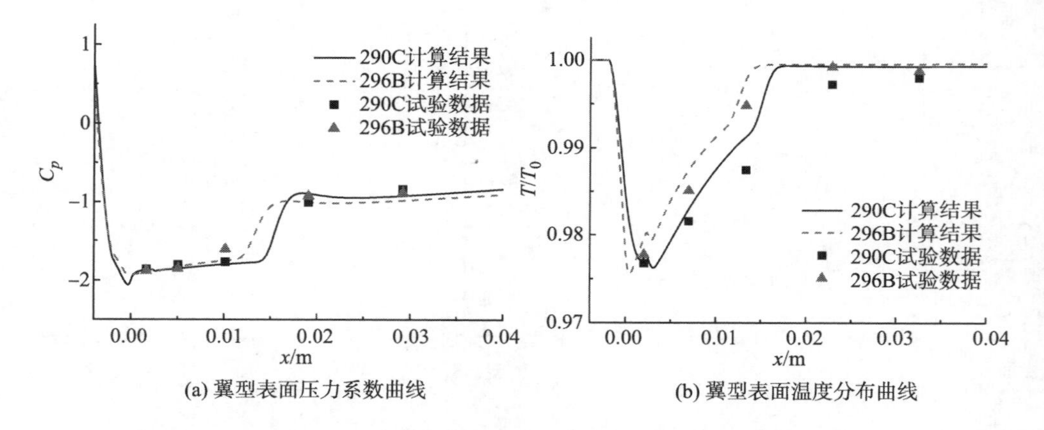


(a) 翼型表面压力系数曲线　　(b) 翼型表面温度分布曲线

图 4.8　两种工况下水翼表面压力系数和温度分布与试验数据的对比曲线

工况的热力学效应更明显，抑制空化的程度更高。

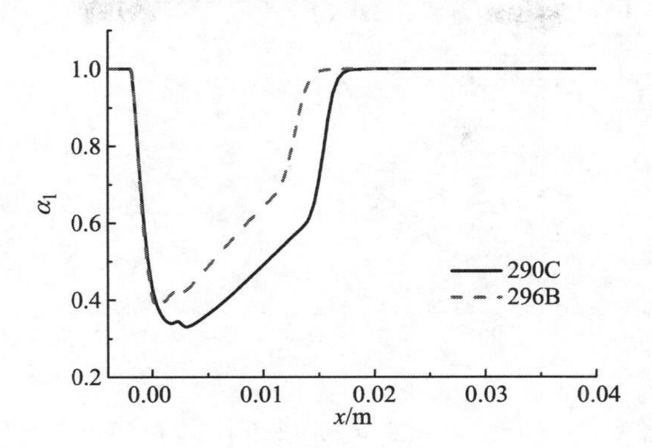


图 4.9 两种工况下水翼表面液相体积分数的分布曲线

**表 4.2** 两种工况的最大温降和压降

| 290C | | 296B | |
|---|---|---|---|
| $\Delta T/T/\%$ | $\Delta p/p_{v\infty}/\%$ | $\Delta T/T/\%$ | $\Delta p/p_{v\infty}/\%$ |
| 2.37 | 11.9 | 2.45 | 17.7 |

图 4.10 给出了 290C 和 290E 工况下水翼表面压力系数和温度分布与试验数据的对比曲线，图 4.11 给出了两种工况下水翼表面液相体积分数的分布曲线。如图所示，290C 工况的空泡长度大于 290E 工况下的空泡长度，表 4.1 列出 290C 工况和 290E 工况具有相同的来流空化数和相近的来流速度，只是来流温度不同，和上一组工况类似，温度较高的 290E 工况的热力学效应比温度较低的 290C 工况的热力学效应更明显，导致其抑制空化强度的程度更大。

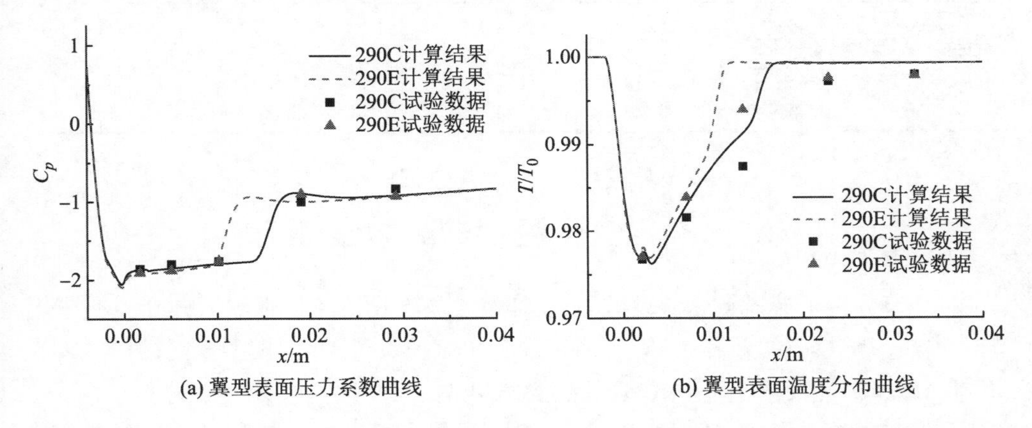


(a) 翼型表面压力系数曲线 (b) 翼型表面温度分布曲线

图 4.10 290C 和 290E 工况下水翼表面压力系数和温度分布与试验数据的对比曲线

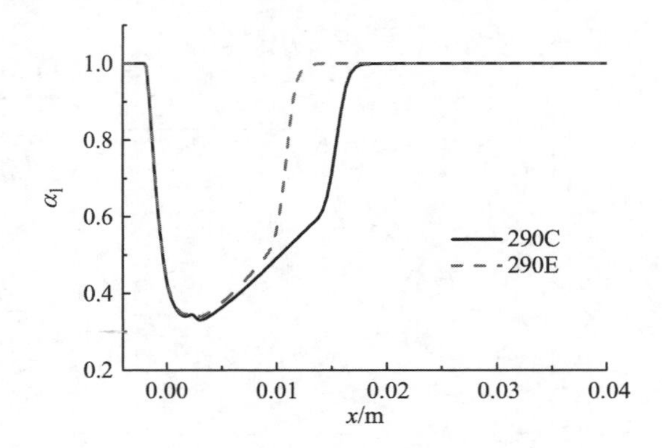


图 4.11　两种工况下水翼表面液相体积分数的分布曲线

综上所述, 通过来流空化数来描述低温流体空化强度并不准确 [5], 为了描述低温流体空化强度, 应使用当地空化数 $\sigma$, 其表达式为

$$\sigma = \frac{p_\infty - p_{\text{cmin}}}{0.5\rho_l U_\infty^2} \tag{4.1}$$

式中, $p_{\text{cmin}}$ 为空泡内最小压强。通过上文的计算和分析知道, 低温空泡内温降导致气化压强降低, 故空泡内最小压强小于自由来流时的气化压强, 对于常温水的空化流动, 由于采用空泡内最小压强, 所以当地空化数能反映低温流体的空化强度 [6]。表 4.3 列出了各工况下的当地空化数, 可见随着当地空化数的减小, 空泡长度逐渐变长, 空化强度逐渐增大。

**表 4.3**　计算结果

| 计算工况 | 液体 | $T_\infty$/K | $U_\infty$/(m/s) | $L_c$/cm | $\sigma_\infty$ | $\sigma_c$ |
|---|---|---|---|---|---|---|
| 290C | 液氮 | 83.06 | 23.9 | 1.9 | 1.7 | 1.87 |
| 290E | 液氮 | 83.22 | 23.8 | 1.14 | 1.7 | 1.91 |
| 296B | 液氮 | 88.54 | 23.7 | 1.27 | 1.61 | 1.88 |

## 4.3　液氢空化流动的热力学效应

4.2 节分析了液氮空化流动的热力学效应, 本节研究不同低温流体介质在空化流动中热力学效应的差异, 计算了液氢的空化流动, 所用几何模型及网格与 4.2 节相同。计算工况根据 Hord 试验工况, 见表 4.4。

图 4.12 给出了 248C 和 260D 工况下水翼表面压力系数和温度分布与试验数据的对比曲线, 图 4.13 给出了两种工况下水翼表面液相体积分数的分布曲线。

表 4.4 计算工况

| 计算工况 | 液体 | $T_\infty$/K | $U_\infty$/(m/s) | $\sigma_\infty$ |
|---|---|---|---|---|
| 260D | 液氢 | 20.81 | 50.2 | 1.57 |
| 249D | 液氢 | 20.7 | 58.1 | 1.57 |
| 248C | 液氢 | 20.46 | 51.2 | 1.6 |

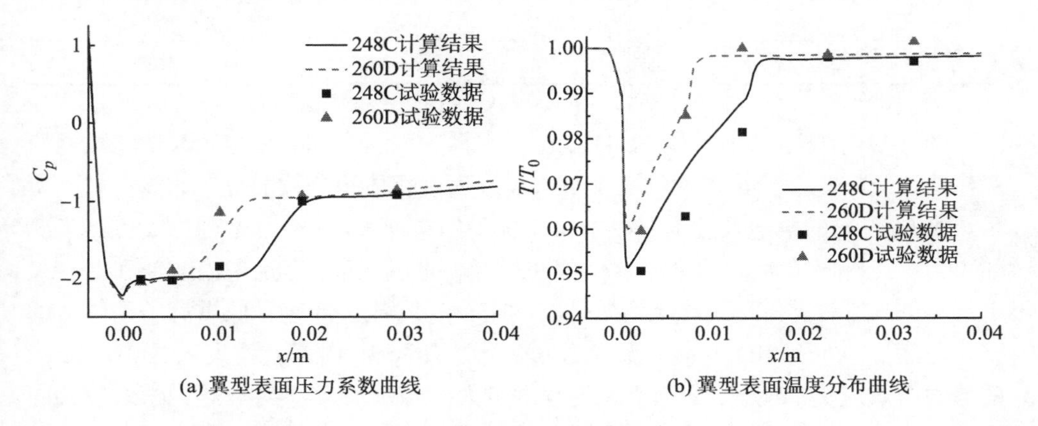


(a) 翼型表面压力系数曲线

(b) 翼型表面温度分布曲线

图 4.12 两种工况下水翼表面压力系数和温度分布与试验数据的对比曲线

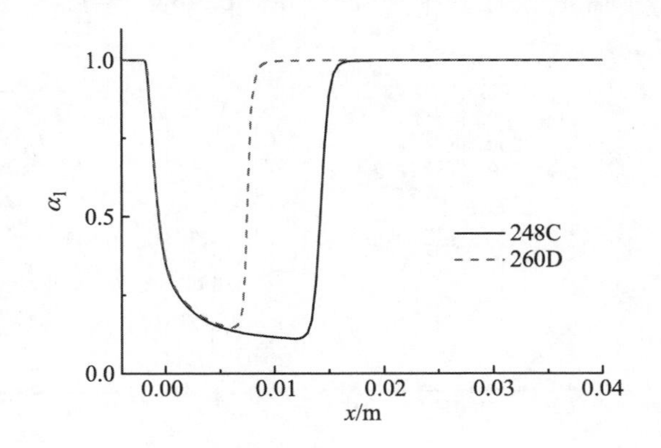


图 4.13 两种工况下水翼表面液相体积分数的分布曲线

计算得到的水翼表面压力和温度分布与试验数据吻合较好, 248C 的空泡长度大于 260D 的空泡长度, 248C 空泡内最小液相体积分数也小于 260D 的空泡内最小液相体积分数, 说明 248C 的空化强度高于 260D 的空化强度。但是 260D 的来流空化数小于 248C 的来流空化数, 这里与液氮介质下 290C 和 296B 工况出现相同的情形, 再次说明来流空化数在衡量低温流体空化强度上出现偏差。这是因为, 在低温流体空化中热力学效应显著, 空化相变的吸热过程导致空泡内温度降低, 液氢的气化压强对温度变化敏感, $T = 20.46$ K 时, $\mathrm{d}p_{\mathrm{v}}/\mathrm{d}T = 32$ kPa/K, $T = 20.81$ K 时, $\mathrm{d}p_{\mathrm{v}}/\mathrm{d}T = 34$ kPa/K, 同时表 4.5 统计了两种工况的最大温降和压降。可见, 260D 工况的热力学效应比 248C 工况的热力学效应更明显, 抑制空化的程度更高。

**表 4.5** 两种工况的最大温降和压降

| 248C | | 260D | |
|---|---|---|---|
| $\Delta T/T/\%$ | $\Delta p/p_{\mathrm{v}\infty}/\%$ | $\Delta T/T/\%$ | $\Delta p/p_{\mathrm{v}\infty}/\%$ |
| 4.9 | 35.2 | 5 | 35.5 |

图 4.14 给出了 260D 和 249D 工况下水翼表面压力和温度分布与试验数据的对比曲线, 图 4.15 给出了两种工况下水翼表面液相体积分数的分布曲线。如图所示, 249D 工况的空泡长度大于 260D 工况下的空泡长度, 表 4.4 列出 249D 工况和 260D 工况具有相同的来流空化数和相近的来流温度, 但是来流速度和上一组工况类似, 在高速、高压的流场条件下的空化程度强于低速、低压流场条件下的空化程度。另外, 249D 的最大温降为 6%, 最大压降为 41.3%, 均大于 260D; 249D 的热力学效应更加明显, 抑制空化的程度更大, 可见, 流场参数和热力学效应共同影响低温流体空化, 单凭来流空化数不足以准确描述低温流体的空化程度。为了弄清各因素如何影响低温流体空化, 需要从单一因素逐一分析。

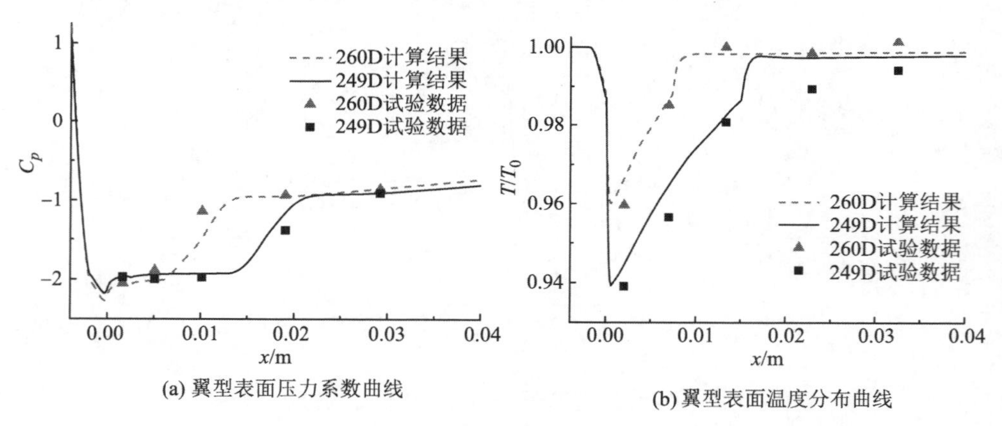


(a) 翼型表面压力系数曲线

(b) 翼型表面温度分布曲线

图 4.14 260D 和 249D 工况下水翼表面压力系数和温度分布与试验数据的对比曲线

表 4.6 列出了各工况下的当地空化数, 可见, 在 260D 与 249D 工况下随着当地空化数的减小, 空泡长度逐渐变长, 空化强度逐渐增大。这与液氮随当地空化数的变化规律相同。

通过计算比较发现, 在相似的来流空化数下, 液氢的最大温降和压降均大于液氮的最大温降和压降, 这说明相比液氮, 液氢的热力学效应更加明显。在流动参数

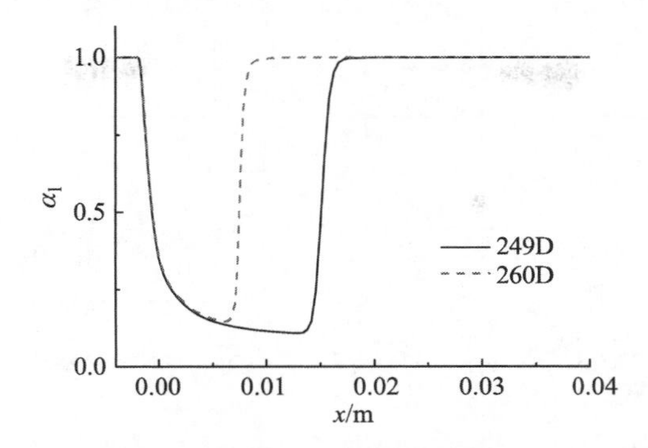


图 4.15 两种工况下水翼表面液相体积分数的分布曲线

**表 4.6** 计算结果

| 计算工况 | 液体 | $T_\infty$/K | $U_\infty$/(m/s) | $\sigma_\infty$ | $\sigma_c$ | $L_c$/cm |
|---|---|---|---|---|---|---|
| 260D | 液氢 | 20.81 | 50.2 | 1.57 | 2.05 | 0.88 |
| 249D | 液氢 | 20.7 | 58.1 | 1.57 | 1.98 | 1.9 |
| 248C | 液氢 | 20.46 | 51.2 | 1.6 | 2.02 | 1.39 |

不变的情况下, 物质属性决定了热力学效应的大小, 液氮和液氢的气化压强对应温度的灵敏度分别是 20 kPa/K (83 K) 和 28 kPa/K(20 K), 液氢的气化压强随温度变化率大于液氮的气化压强随温度变化率, 这说明在单位温降下, 液氢的压降要大于液氮的压降。其次, 液氢 (20 K) 的气化潜热也大于液氮 (83 K) 的气化潜热, 单位质量液体气化时, 液氢吸收的热量大于液氮, 故温降相对较大。同时, 液氢 (20 K) 的液气密度比小于液氮 (83 K) 的液气密度比, 要维持相同尺寸的空泡, 液氢需要更多液体气化。综合影响下, 液氢的热力学效应相比液氮更加明显。

## 4.4 流场参数对低温空泡的影响

通过 4.3 节的计算分析得知, 由于低温流体的热力学效应明显, 所以来流空化数在描述低温流体空化强度时产生偏差, 采用当地空化数描述更为准确。但是, 在工程应用中, 需要测得空泡内的压强才能得出当地空化数, 这使得当地空化数不便于实际应用。本节通过计算液氮绕二维圆头型水翼定常空泡流动, 重点分析来流速度、温度和压强等流场参数对低温流体空化的影响, 并得出相应的变化规律。

### 4.4.1 来流速度对低温空化的影响

本节采用的圆头型水翼几何模型与网格划分跟前节相同。为研究来流速度对低温空化的影响, 保持来流温度和压强不变, 只改变来流速度, 计算工况见表 4.7。

图 4.16 给出了不同来流速度下计算得到的翼型表面压强分布。如图所示, 随

表 4.7　计算工况

| 液体 | $T_\infty$/K | $U_\infty$/(m/s) | $p_\infty$/Pa | $\sigma_\infty$ |
|---|---|---|---|---|
| 液氮 | 83.06 | 21 | 568300 | 2.21 |
| 液氮 | 83.06 | 21.5 | 568300 | 2.11 |
| 液氮 | 83.06 | 22 | 568300 | 2.01 |
| 液氮 | 83.06 | 22.5 | 568300 | 1.92 |
| 液氮 | 83.06 | 23 | 568300 | 1.84 |
| 液氮 | 83.06 | 23.5 | 568300 | 1.76 |

着来流速度的增加, 翼型表面低压区范围逐渐增大, 空泡闭合处压强峰值逐渐增大。为了分析低压区内压降, 将来流速度转换成来流空化数, 图 4.17 给出了低压区最大压降比与来流空化数的关系, 随着来流空化数的增加, 低压区最大压降比呈

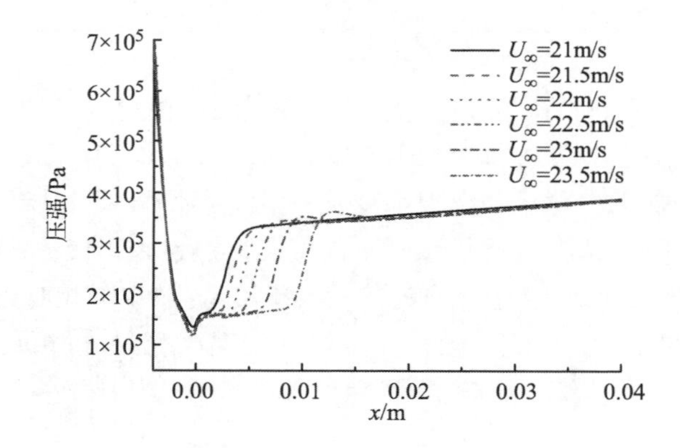


图 4.16　不同来流速度下计算得到的翼型表面压强分布

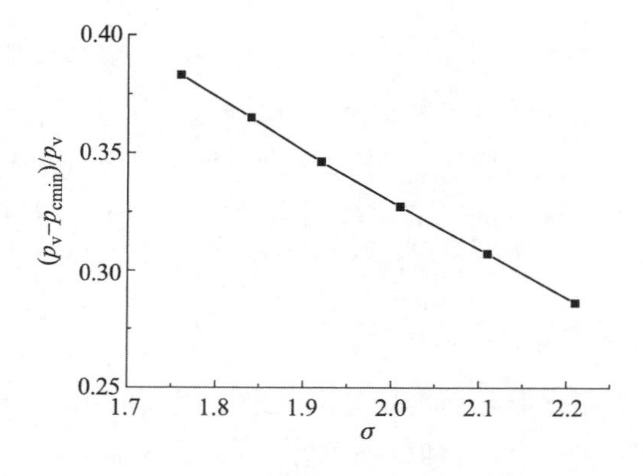


图 4.17　低压区最大压降比随来流空化数的变化曲线

线性降低趋势。可见, 在来流温度和压强不变的情况下, 来流速度越高, 低压区内的压降比越大, 并与来流速度呈线性变化关系。

在得到来流速度和压强的变化关系后, 下面分析来流速度对温度的影响。图 4.18 为不同来流速度下计算得到的翼型表面温度分布, 如图所示, 来流速度越高, 温降区域越大, 温降区内温度越低。同样, 将来流速度转换成来流空化数, 如图 4.19 所示, 最大温降随来流空化数的增加而线性减小, 这与最大压降比随来流空化数的变化规律一致。在来流温度和压强不变的条件下, 来流速度越高, 温降区范围越大, 最大温降越大, 并且温度的降低量与来流速度的增加量呈正比例, 热力学效应越明显。由于温度直接影响空泡内的气化压强, 从而使压强随来流速度的变化关系和温度随来流速度的变化关系一致。

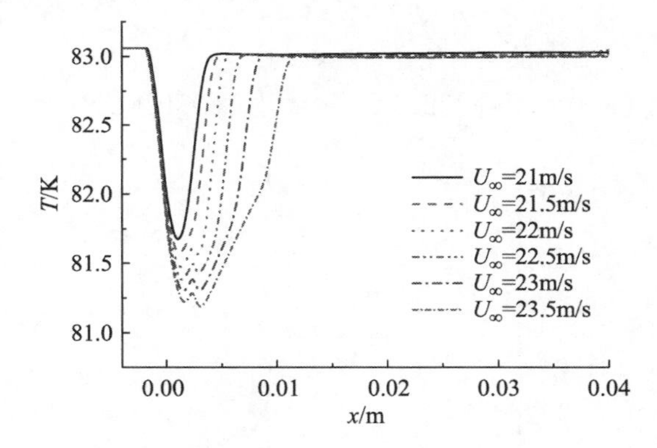


图 4.18 不同来流速度下翼型表面温度分布

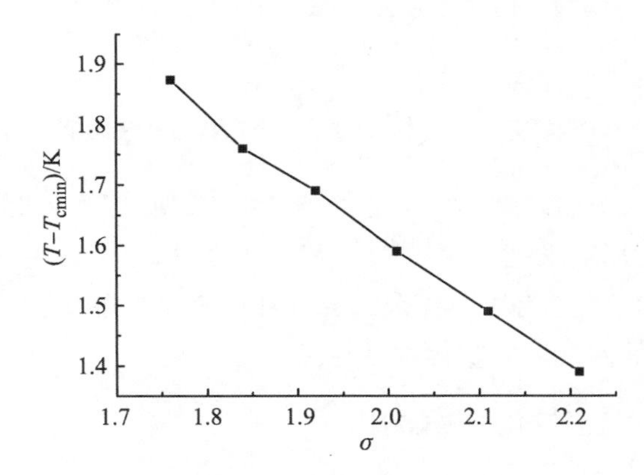


图 4.19 最大温降随来流空化数变化曲线

下面分析来流速度对空泡长度的影响, 如图 4.20 和图 4.21 所示, 分别给出了不同来流速度下翼型表面液相体积分数分布和空泡长度随来流空化数的变化曲线。随着来流速度的增加, 空泡长度增加, 空泡内液相体积分数越低。空泡长度随来流速度的变化不是线性的, 而是随着来流速度的增加, 空泡长度增加的幅度越来越大。

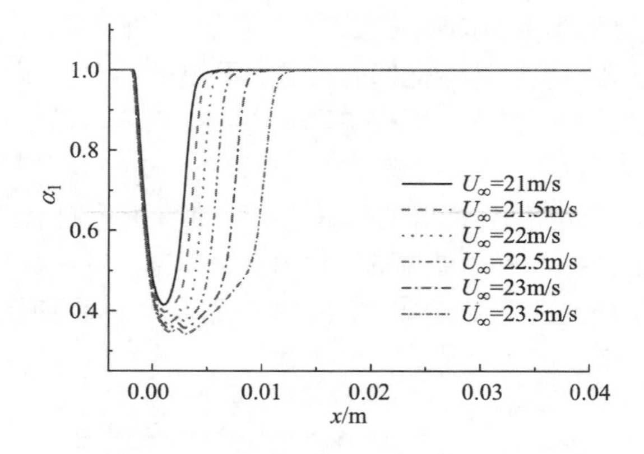


图 4.20　不同来流速度下翼型表面液相体积分数分布

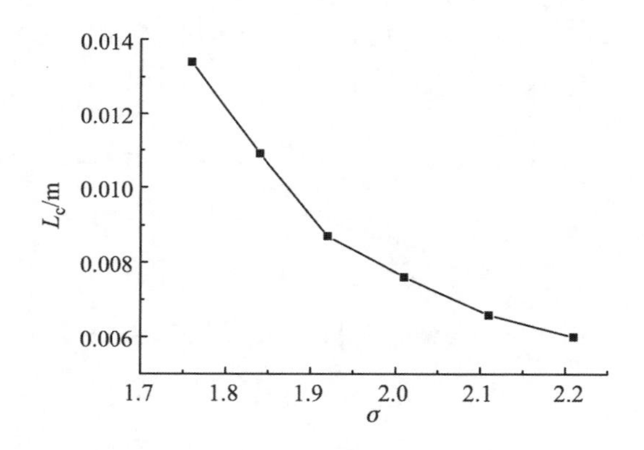


图 4.21　空泡长度随来流空化数的变化曲线

综上可知, 在来流温度和压强不变的条件下, 翼型表面的压强、温度、液相体积分数和空泡长度都随来流速度规律变化, 此时由来流速度主导的来流空化数能够反映低温流体的空化程度, 即在来流温度和压强不变的条件下, 来流速度越大, 来流空化数越小, 低温流体的空化程度越高。

### 4.4.2　来流温度对低温空化的影响

为了研究温度对低温空化的影响, 保持来流速度和压强不变, 只改变温度, 计算工况见表 4.8。

图 4.22 给出了不同来流温度下计算得到的翼型表面压强分布。如图所见, 随着来流温度的增加, 翼型表面低压区范围逐渐增大, 空泡闭合处压强峰值逐渐增大。这是因为, 温度增加, 液体的气化压强增加, 液体密度减小, 但气化压强增加

表 4.8 计算工况

| 液体 | $T_\infty$/K | $U_\infty$/(m/s) | $p_\infty$/Pa | $\sigma_\infty$ |
|---|---|---|---|---|
| 液氮 | 80 | 23.9 | 568300 | 1.90 |
| 液氮 | 80.5 | 23.9 | 568300 | 1.87 |
| 液氮 | 81 | 23.9 | 568300 | 1.845 |
| 液氮 | 81.5 | 23.9 | 568300 | 1.813 |
| 液氮 | 82 | 23.9 | 568300 | 1.78 |
| 液氮 | 82.5 | 23.9 | 568300 | 1.745 |

的程度大于密度减小的程度, 使得来流空化数减小。为了分析低压区内的压降比, 将来流温度转换成来流空化数, 图 4.23 给出了低压区最大压降比和来流空化数的关系, 随着来流空化数的增加, 低压区最大压降比基本保持不变, 约为 20%。可见, 在来流速度和压强不变的情况下, 随着来流温度增高, 来流空化数减小, 低压区范

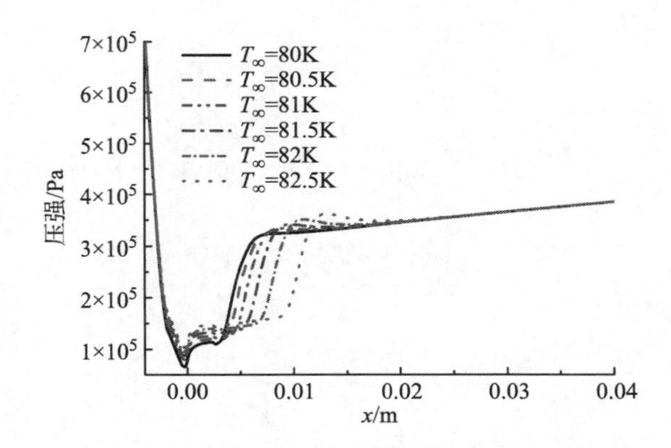


图 4.22 不同来流温度下计算得到的翼型表面压强分布

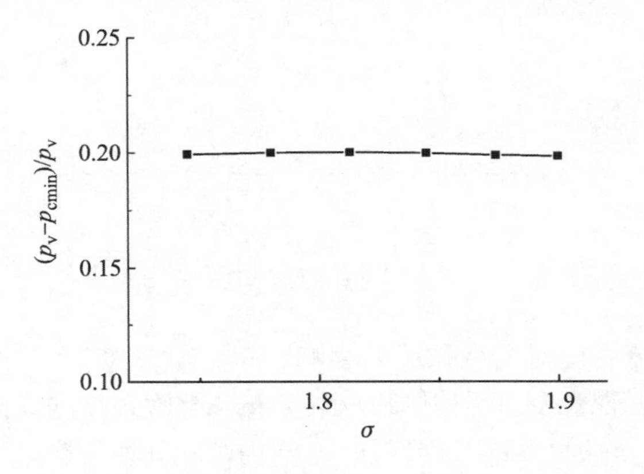


图 4.23 最大压降比随来流空化数变化曲线

围增加, 低压区内的最大压降比不变。

在分析了来流温度和压强的变化关系后, 下面分析来流温度对空泡内温度的影响。图 4.24 为不同来流温度下计算得到的翼型表面温度分布, 如图所示, 来流温度越高, 温降区域越大。为方便研究来流温度对空泡内最大温降的影响, 同样将来流温度转换成来流空化数, 如图 4.25 所示, 最大温降比随来流空化数的增加而略微减小, 可以认为基本保持不变, 约为 2.3%。这与最大压降比随来流空化数的变化规律一致。在来流速度和压强不变的条件下, 来流温度越高, 温降区范围越大, 最大温降比基本不变。由于温度直接影响空泡内的气化压强, 从而使压强随来流速度的变化关系和温度随来流速度的变化关系一致。

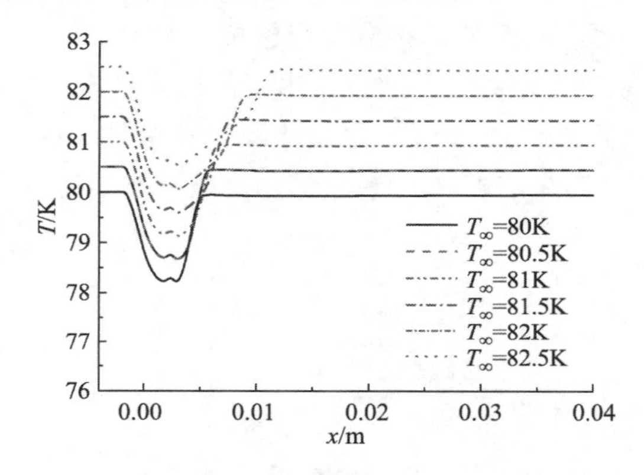


图 4.24 不同来流温度下翼型表面温度分布

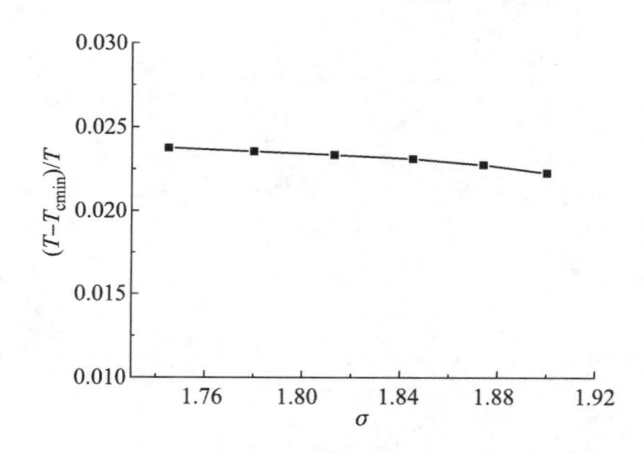


图 4.25 最大温降比随来流空化数变化曲线

下面分析来流温度对空泡长度的影响, 如图 4.26 和图 4.27 所示, 分别给出了不同来流温度下翼型表面液相体积分数分布和空泡长度随来流空化数的变化曲线。随来流温度的增加, 空泡长度增加, 空泡内液相体积分数基本一样。空泡长度与来流温度的关系不是呈线性规律变化, 而是随着来流速度的增加, 空泡长度增加的幅度越来越大。

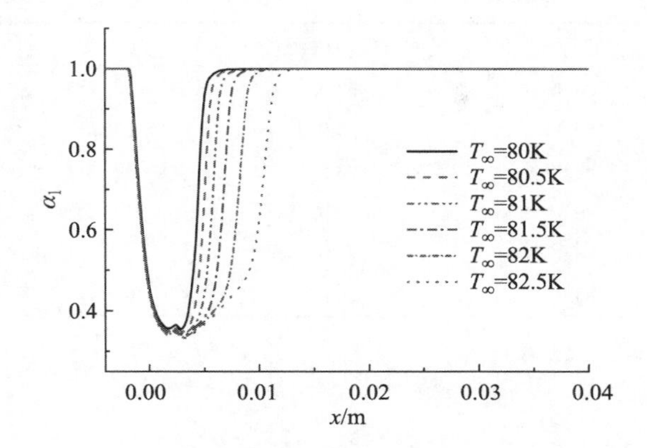


图 4.26 不同来流温度下翼型表面液相体积分数分布

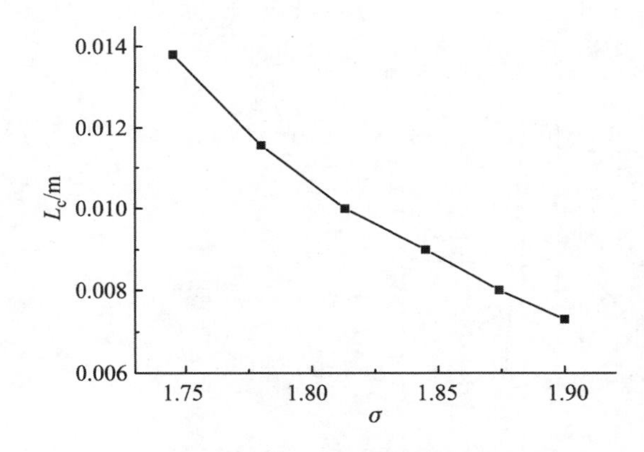


图 4.27 空泡长度随来流空化数变化曲线

综上可知, 在来流速度和压强不变的条件下, 翼型表面的压强、温度、液相体积分数和空泡长度都随来流速度规律变化, 其中空泡内的最大压降比和最大温度比基本不随流场温度变化而变化, 并且来流温度综合影响液体的气化压强和密度, 最终导致来流空化数随温度的增加而减小, 空化程度变强。

### 4.4.3 远场压强对低温空化的影响

为研究远场压强对低温空化的影响, 保持来流速度和温度不变, 只改变远场压强, 计算工况见表 4.9。

图 4.28 给出了不同远场压强下计算得到的翼型表面压强分布。如图所见, 随着远场压强的增加, 翼型表面低压区范围逐渐减小, 空泡闭合处压强梯度逐渐增大, 低压区后的压强恢复逐渐增加。在来流速度和温度不变的条件下, 随远场压强的增加, 来流空化数逐渐增加, 导致了低压区范围的减小。为了分析远场压强对低

表 4.9　计算工况

| 液体 | $T_\infty$/K | $U_\infty$/(m/s) | $p_\infty$/Pa | $\sigma_\infty$ |
|---|---|---|---|---|
| 液氮 | 83.06 | 23.9 | 558300 | 1.66 |
| 液氮 | 83.06 | 23.9 | 568300 | 1.7 |
| 液氮 | 83.06 | 23.9 | 578300 | 1.75 |
| 液氮 | 83.06 | 23.9 | 588300 | 1.79 |
| 液氮 | 83.06 | 23.9 | 598300 | 1.84 |
| 液氮 | 83.06 | 23.9 | 608300 | 1.88 |

压区内最大压降比的影响, 将远场压强转换成来流空化数, 图 4.29 给出了低压区最大压降比和来流空化数的关系, 随着来流空化数的增加, 低压区最大压降比逐渐减小, 并且最大压降比的下降梯度也逐渐增加。可见, 在来流速度和温度不变的情况下, 可以通过增加远场压强降低热力学效应, 使低压区内的最大压降比降低, 并且远场压强越大, 其降低热力学效应的效果越明显。

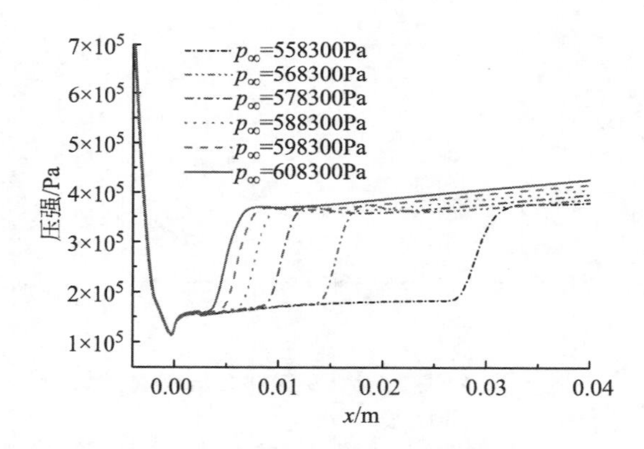


图 4.28　不同远场压强下翼型表面压强分布

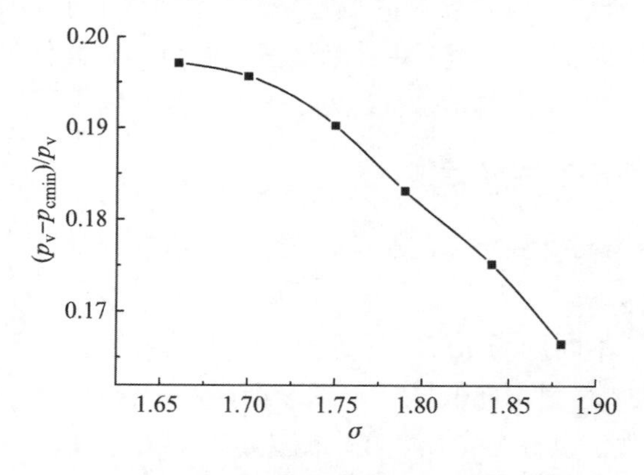


图 4.29　最大压降比随来流空化数变化曲线

在分析了远场压强和翼型表面压强的变化关系后，下面分析远场压强对空泡内温度的影响。图 4.30 为不同远场压强下计算得到的翼型表面温度分布，如图所示，在来流速度和温度不变的条件下，远场压强越低，温降区域越大，温降区内的最低温度越小，空泡闭合处的温度梯度越小。为方便研究远场压强对空泡内最大温降的影响，同样将远场压强转换成来流空化数，如图 4.31 所示，在来流速度和温度不变的条件下，远场压强越高，来流空化数越大，最大温降随来流空化数的增加而减小。这与最大压降比随来流空化数的变化规律一致。通过增加远场压强也可以降低空泡内最大温降，从而抑制热力学效应。

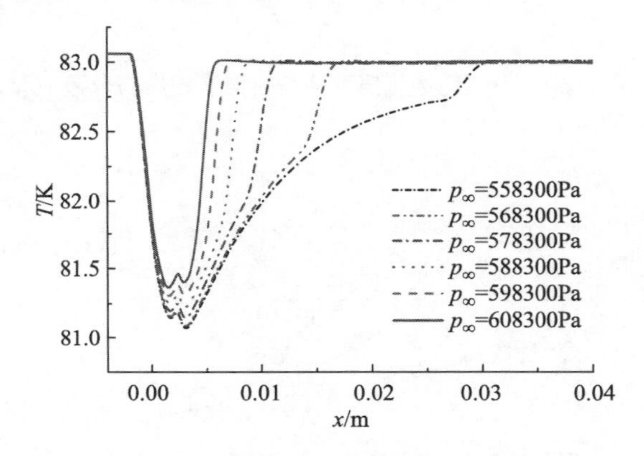


图 4.30 不同远场压强下翼型表面温度分布

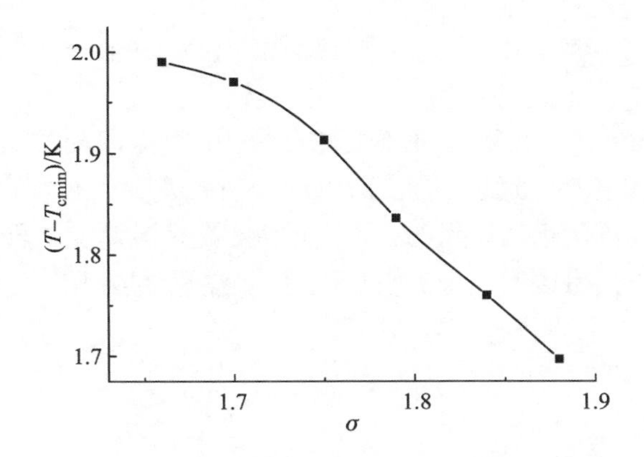


图 4.31 最大温降随来流空化数变化曲线

下面分析远场压强对空泡长度的影响，如图 4.32 和图 4.33 所示，分别给出了不同远场压强下翼型表面液相体积分数分布和空泡长度随来流空化数的变化曲线。随远场压强的增加，空泡长度逐渐减小，空泡内液相体积分数基本一样。空泡长度与远场压强的关系不是呈线性规律变化，而是随着远场压强的降低，空泡长度增加的幅度越来越大。

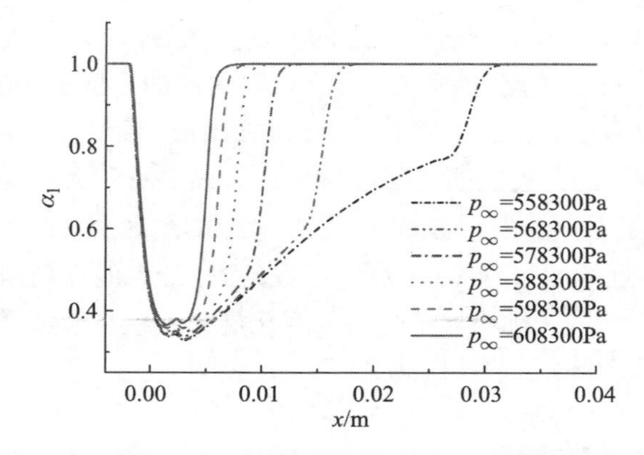


图 4.32　不同远场压强下翼型表面液相体积分数分布

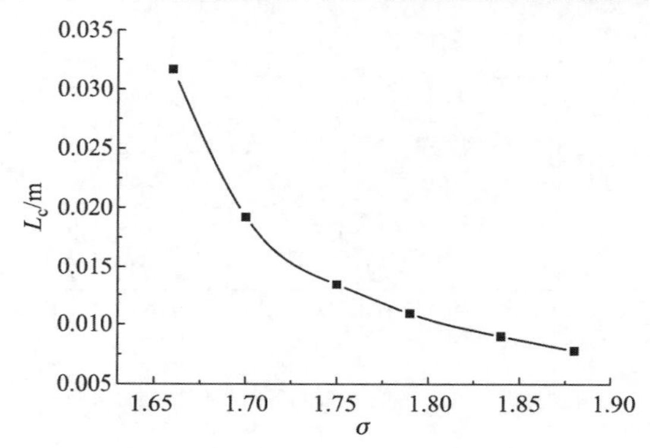


图 4.33　空泡长度随来流空化数的变化曲线

综上可知, 在来流速度和温度不变的条件下, 翼型表面的压强、温度、液相体积分数和空泡长度都随远场压强的增加而减小, 其中空泡内的最大压降比和最大温度比的下降梯度随远场压强的增加而增大。在来流速度和温度不变的条件下, 增加远场压强一方面可以增加来流空化数, 抑制空化强度, 另一方面还可以抑制热力学效应。

## 4.5　小　结

与常温水的情况不同, 热力学效应使得热力学敏感流体空泡内的当地空化数与来流空化数产生明显不同, 只用来流空化数无法准确描述低温流体的空化程度, 应使用当地空化数来描述。液氢空化流的热力学效应影响与液氮的情况相似, 但由于两种液体的物性参数不同, 所以液氢比液氮的热力学效应更加明显。在来流温度和压强不变的条件下, 来流速度越大, 低压区内的压降比越大, 并与来流速度呈线性变化关系; 来流速度越大, 温降区范围越大, 最大温降越大, 并且温度的降低量与来流速度的增加量呈正比例; 随来流速度的增加, 空泡长度增加, 空泡内液相体积分数越低, 空泡长度上升梯度越来越大。在来流速度和压强不变的情况下, 随来流温度的增加, 来流空化数减小, 低压区范围增加, 低压区内的最大压降不变; 来流温度越高, 温降区范围越大, 最大温降比基本不变。随来流温度的增加, 空泡长度增加, 空泡长度上升梯度越来越大, 空泡内液相体积分数基本一样。在来流速度和温度不变的条件下, 随远场压强的增加, 来流空化数逐渐增加, 导致了低压区范围的减小。低压区最大压降比逐渐减小, 并且最大压降比的下降梯度也逐渐增加; 远场压强越低, 温降区域越大, 温降区内的最低温度越小; 随远场压强的降低, 空泡长度逐渐增大, 空泡长度上升梯度越来越大, 空泡内液相体积分数基本一样。远场压强越大, 其降低热力学效应的效果越明显。

## 参考文献

[1] Hord J. Cavitation in liquid cryogens II-hydrofoil [J]. NASA CR-2156, 1973.

[2] Billet M L, Holl J W, Weir D S. Correlations of thermodynamic effects for developed cavitation [J]. Journal of Fluids Engineering, 1981, 103(4): 534-542.

[3] Franc J P, Pellone C. Analysis of thermal effects in a cavitating inducer using Rayleigh equation [J]. Journal of Fluids Engineering, 2007, 129(8): 974-983.

[4] Huang B, Wu Q, Wang G. Numerical investigation of cavitating flow in liquid hydrogen [J]. International Journal of Hydrogen Energy, 2014, 39(4): 1698-1709.

[5] Tseng C C, Shyy W. Modeling for isothermal and cryogenic cavitation [J]. International Journal of Heat and Mass Transfer, 2010, 53(1-3): 513-525.

[6] Goel T, Thakur S, Haftka R T, et al. Surrogate model-based strategy for cryogenic cavitation model validation and sensitivity evaluation [J]. International Journal for Numerical Methods in Fluids, 2008, 58(9): 969-1007.

# 第 5 章　非定常空化二维流动及参数影响规律

为进一步展现热力学敏感流体空化的非定常流动特性, 本章在前面章节的基础上, 以液氢绕 NACA0015 翼型的非定常空化流动数值模拟为例加以说明: 包括温度对低温流体空化流动非定常特性的影响, 温度对低温流体空泡周期性脱落的影响规律, 并阐述了低温空化流动结构及其演化过程; 给出了温度与升力系数、阻力系数间的变化规律, 以及不同来流空化数、不同翼型攻角下低温空化的非定常特性。

## 5.1　温度对液氢绕翼型非定常空泡的影响数值模拟

### 5.1.1　几何模型和边界设置

针对液氢绕二维 NACA0015 翼型非定常空泡流动现象进行了数值模拟。计算采用 NACA0015 水翼, 弦长 $c = 0.15$ m, 攻角 $\alpha = 8°$, 计算域如图 5.1 所示。计算域采用结构化网格划分, 翼型近壁区域进行网格加密 (图 5.2), 近壁面 $y^+$ 值为 $20 \sim 80$, 满足标准壁面函数要求, 网格总数约为 $2.86 \times 10^4$。

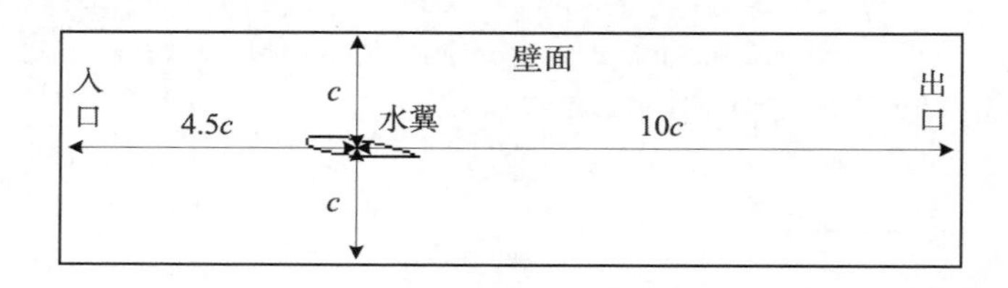


图 5.1　计算域及其边界条件示意图

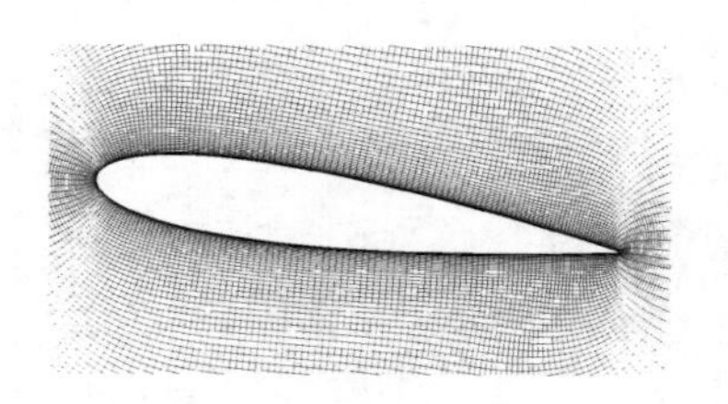

图 5.2　水翼局部网格

计算中入口采用速度入口边界条件, 即 $U_\infty = 10\ \mathrm{m/s}$, 出口采用压力出口边界条件, 流动区域四周边界和翼型表面采用绝热、无滑移固壁条件。来流空化数 $\sigma_\infty = 0.8$; 对应雷诺数分别为 $Re = 6.5 \times 10^6$, $8.1 \times 10^6$, $9.2 \times 10^6$ (20 K, 23 K, 25 K); 时间步长 $\Delta t = t_{\mathrm{ref}}/1000 = 1.5 \times 10^5\ \mathrm{s}$, $t_{\mathrm{ref}} = c/U_\infty$。

湍流强度 $I = 0.02$, 入口湍流黏度比 $\mu_{\mathrm{T}}/\mu_{\mathrm{L}}|_{\mathrm{inlet}} = 10^3$。为验证网格对数值计算结果的影响, 首先计算了 298 K 水绕水翼无空化 (来流空化数 $\sigma_\infty = 3.5$) 单相流动, 翼型吸力面压力系数的计算结果与试验结果 [1] 吻合较好, 如图 5.3 所示, 验证了该网格的有效性。同时, 计算了不同温度下, 液氢绕水翼无空化 (来流空化数 $\sigma_\infty = 3.5$) 单相流动, 结果显示不同温度下液氢的吸力面压力系数与水的吸力面压力系数一致。这主要是由于没有空化相变, 液体的气化潜热没有释放, 水翼附近流场温度不变, 故液氢的热力学效应并未显现, 不受温度影响。

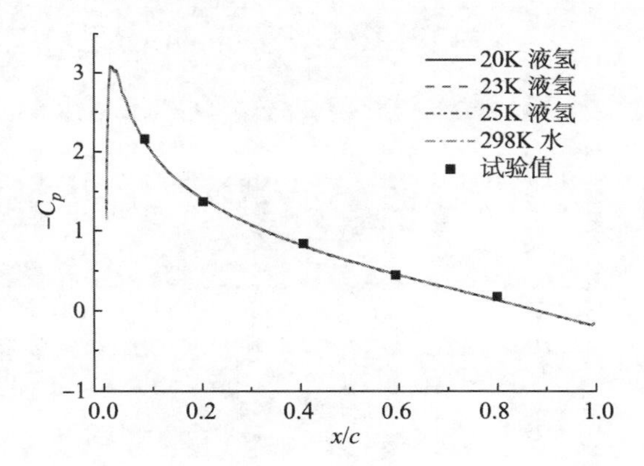


图 5.3 水和不同温度液氢下吸力面压力系数

### 5.1.2 无量纲数的定义

计算中主要无量纲参数为来流空化数 $\sigma_\infty$, 升力系数 $C_l$, 阻力系数 $C_d$, 压力系数 $C_p$ 和斯特劳哈尔数 $Sr$, 分别定义为

$$
\begin{gathered}
\sigma_\infty = \frac{p_\infty - p_{\mathrm{v}}}{0.5\rho_{\mathrm{l}} U_\infty^2}, \quad C_l = \frac{F_y}{0.5\rho_{\mathrm{l}} U_\infty^2 c} \\
C_d = \frac{F_x}{0.5\rho_{\mathrm{l}} U_\infty^2 c}, \quad C_p = \frac{p - p_\infty}{0.5\rho_{\mathrm{l}} U_\infty^2}, \quad Sr = \frac{fc}{U_\infty}
\end{gathered}
\tag{5.1}
$$

式中, $p_\infty$ 为远场压强; $F_x$ 和 $F_y$ 分别为水翼受到的阻力和升力; $f$ 为脱落频率, 由升力系数波动进行傅里叶变换得到。

### 5.1.3 空泡形态的变化过程

图 5.4 给出了 NACA0015 翼型在攻角 $\alpha = 8°$, $U_\infty = 10\ \text{m/s}$, $\sigma_\infty = 0.8$ 时, 非定常流动数值计算得到的在不同温度下, 翼型吸力面附近的空泡形态随时间的变化, 清楚显示了空化云的周期性脱落过程。图中是一个周期 $T_p$ 的六个时刻, 如图 5.4(a) 和图 5.4(b) 所示, 最初在翼型附近、液体内部产生的游移型空化呈球

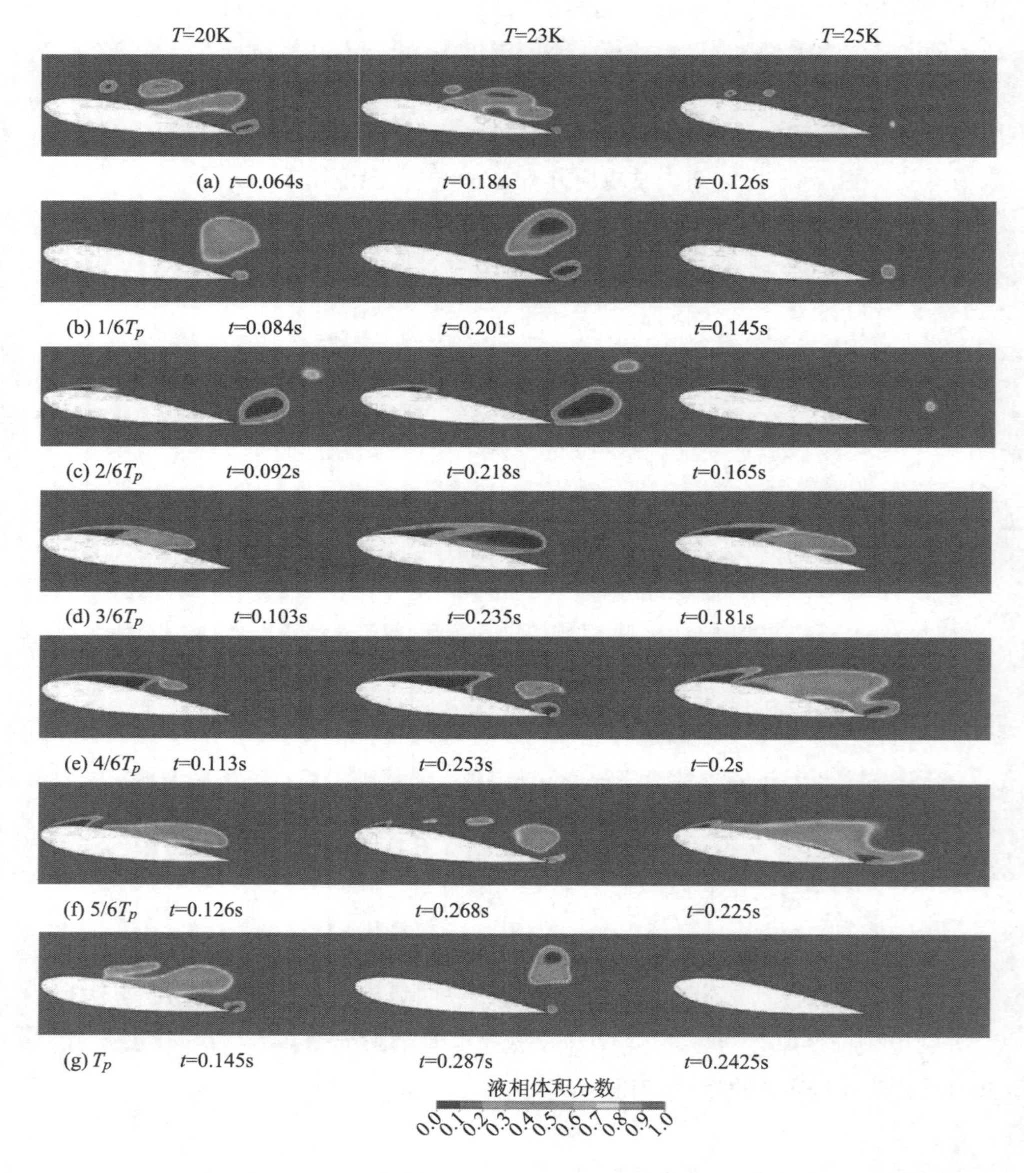


图 5.4 不同温度下，翼型吸力面附近的空泡形态随时间的变化 (彩图见封底二维码)

形泡, 并随来流一起运动, 在翼型前缘开始初生片状空化。随着时间的推移, 片状空泡逐渐发展壮大, 空泡长度和厚度都不断增加, 并始终附着在翼面上。随着温度的增加, 空泡尺寸略有减小, 空泡内气相体积分数较高, 如图 5.4(c) 所示。如图 5.4(d)、图 5.4(e) 和图 5.4(f) 所示, 随着空泡继续增长, 在空泡尾部开始产生云状空泡, 其总长度接近翼型尾缘, 片状空泡与云状空泡之间存在间断点, 间断处液相体积分数较高, 随时间推移, 片状空泡继续生长, 间断处越来越明显, 并向后移动, 云状空泡逐渐脱落并向下游移动, 在此期间, 片状空泡始终附着在翼面上。随温度的增高, 片状空泡的尺寸减小, 云状空泡的尺寸增加。当片状空泡生长到一定程度时, 开始向翼型前缘逐渐缩小, 间断点位置也跟随向前移动, 部分附着在翼面上的云状空泡也跟随前移, 部分脱落的云状空泡向下游移动, 最后溃灭。片状空泡经历了从初生、发展、断裂、继续生长、减小的非定常过程。当 $t = T_p$ 时, 翼型头部的固定空泡完全消失, 一个新的空化云生长周期又开始了, 如图 5.4(g) 所示。据此计算, 在温度 $T = 20$ K 时, 空泡云的脱落周期 $T_p = 0.091$ s; 在温度 $T = 23$ K 时, $T_p = 0.104$ s; 在温度 $T = 25$ K 时, $T_p = 0.117$ s。可见, 空泡云的脱落周期随温度的增高而变长。描述非定常运动特征的斯特劳哈尔数, 在温度 $T = 20$ K 时, $Sr = 0.164$; 在温度 $T = 23$ K 时, $Sr = 0.144$; 在温度 $T = 25$ K 时, $Sr = 0.128$, 斯特劳哈尔数随温度的增高而减小。

### 5.1.4 温度分布及变化规律

图 5.5 给出了空泡周期变化过程中的温度云图。空化相变吸收了释放的气化潜热, 导致空泡内温度下降, 并且发现, 来流初始温度越高, 最大温降越大。温度越高, 热力学效应越大, 使得空泡内最大温降越大, 降低了当地的气化压强, 从而提高了当地空化数, 抑制了空化强度。本书认为温度是影响非定常空泡形态差异和脱落周期的主要原因。同时发现, 在下游流场某些较小区域, 温度高于来流初始温度, 这是因为空泡脱落溃灭后, 气相凝结成液相, 释放了气化潜热, 所以流场某一时刻温度短暂升高。

### 5.1.5 压强和速度分布

图 5.6(a) ~ 图 5.6(f) 给出了一个周期某些典型时刻的压力分布和速度矢量图。图 5.6(a) 为一个周期的起始时刻。此时上一周期脱落的空泡接近完全溃灭, 伴有部分游移空泡。同时, 翼尾缘处附带有小旋涡脱落, 这与上一周期末的尾涡 (图 5.6(f)) 一致。

如图 5.6(b) 所示, $t = t_0 + 1/6T_p$ 时刻, 翼型前缘低压区逐步形成, 产生固定型片状空泡, 脱落的旋涡继续向下游移动, 同时, 在逆压梯度的作用下, 翼型尾缘生成第二个旋涡。温度越高, 形成的低压区域越小。

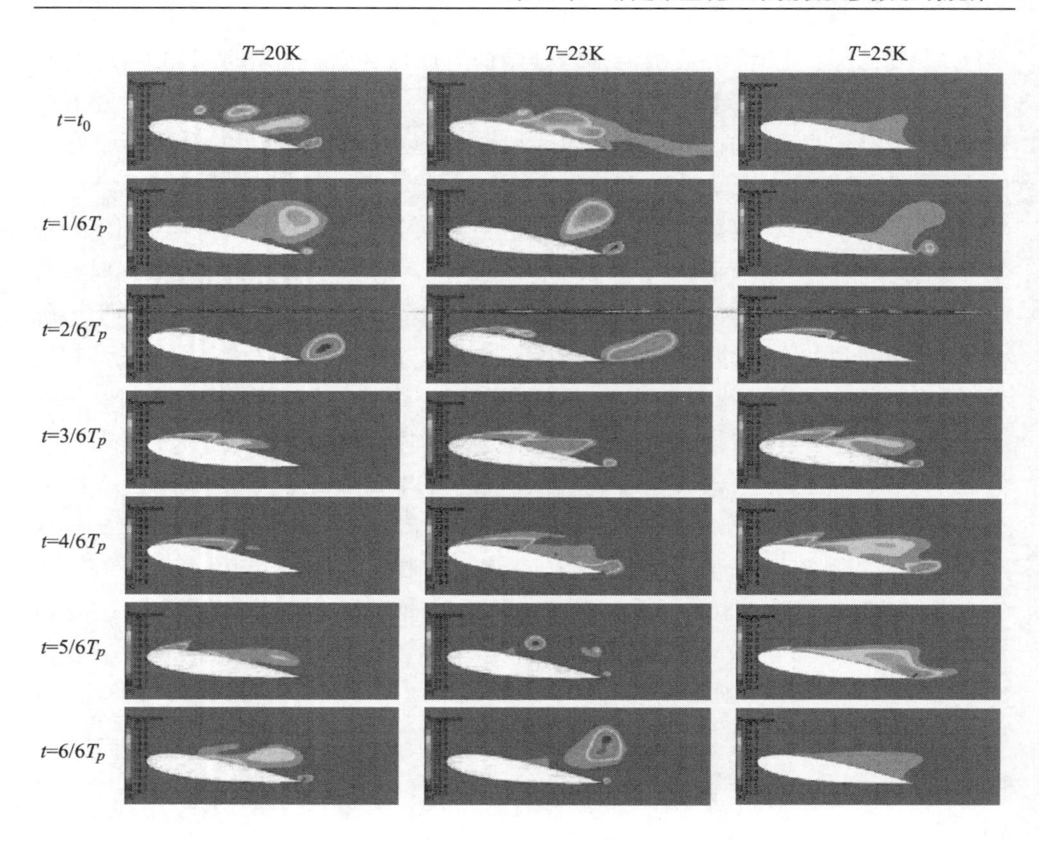


图 5.5　温度云图 (彩图见封底二维码)

如图 5.6(c) 所示, $t = t_0 + 2/6T_p$ 时刻, 翼型前缘低压区变大, 在水翼壁面交界处形成顺时针旋涡, 产生回射流。翼型前缘固定型片状空泡闭合区域的压力梯度随温度的升高而减小。

如图 5.6(d) 所示, $t = t_0 + 3/6T_p$ 时刻, 低压区覆盖翼型吸力面大部分区域, 回射流逐步发展壮大, 与主流发生冲击, 使低压区断裂为两部分, 间断区压强高于两部分低压区。前部低压区生成固定型片状空泡, 气相体积含量较高, 空泡较为清晰明显。后部低压区生成云状空泡, 脱落下泻, 下泻速度低于流场主流速度。

如图 5.6(e) 所示, $t = t_0 + 5/6T_p$ 时刻, 受尾部涡流影响, 前部低压区逐步缩小, 脱落空泡继续下泻, 翼型后部仍有大范围回流。

如图 5.6(f) 所示, $t = t_0 + 6/6T_p$ 时刻, 翼型前缘主体空泡溃灭消失, 脱落的云状空泡向翼型尾部下游发展, 并逐步溃灭, 尾部形成涡流区。此时与周期初始流场接近。

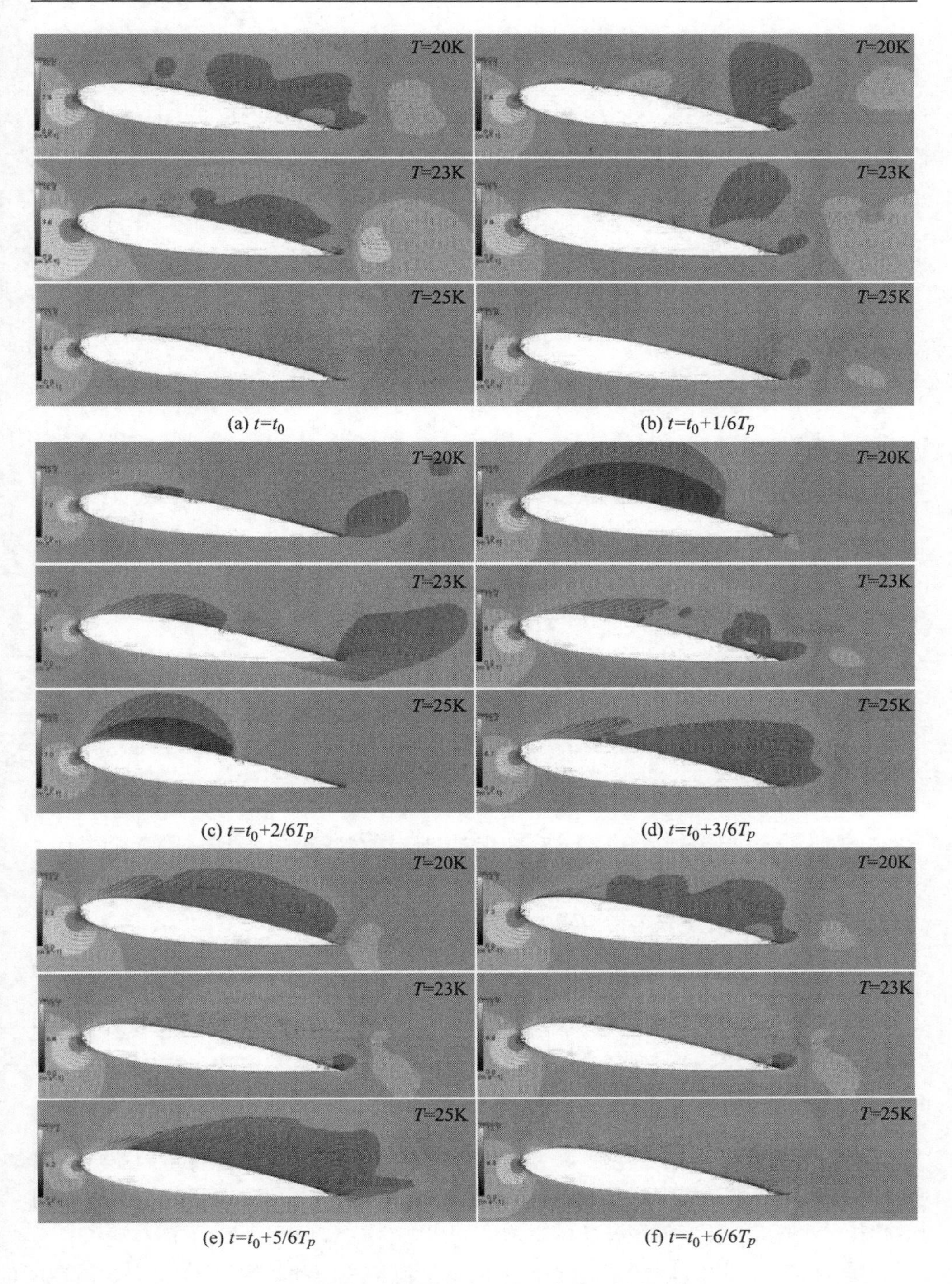


图 5.6 压强分布和速度矢量图 (彩图见封底二维码)

### 5.1.6　温度对升、阻力系数的影响

图 5.7 给出了翼型升力系数和阻力系数随时间的变化曲线, 由图可以看出升力系数和阻力系数的变化具有明显的周期性。在温度 $T = 20$ K 时, 其振荡周期值为 0.091 s; 在温度 $T = 23$ K 时, 其振荡周期值为 0.104 s, 在温度 $T = 25$ K 时, 其振荡周期值为 0.117 s, 和空泡形态的周期性变化规律一致。同时, 升力系数在三个温度条件下的时均值分别为 0.428,0.42,0.414, 阻力系数在三个温度条件下的时均值分别为 0.125,0.115,0.109, 随温度增高而降低。

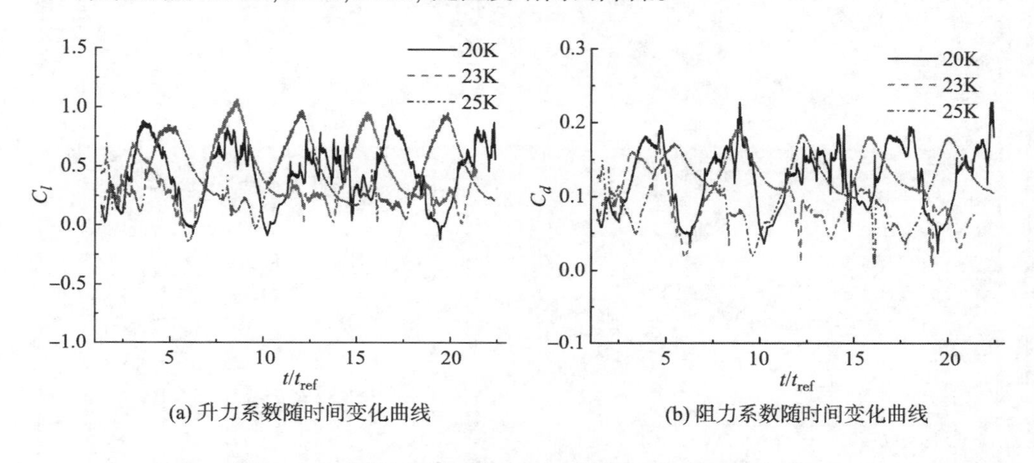


(a) 升力系数随时间变化曲线　　(b) 阻力系数随时间变化曲线

图 5.7　不同温度下，升、阻力系数随时间的变化曲线

## 5.2　流动参数对液氢绕翼型非定常空泡的影响数值模拟

### 5.2.1　空化数对液氢非定常空泡的影响

本节对 NACA0015 翼型在流场温度 $T=23$ K、攻角 $\alpha=8°$、$U_\infty=10$ m/s、$\sigma_\infty=1.2$ 时的非定常空泡流动进行数值模拟。计算采用的几何模型、边界设置和数值模型与 5.1 节一致。通过设置流场压强改变来流空化数。

**1. 空泡形态的变化过程**

图 5.8 给出了不同空化数下, 一个周期的空泡形态液相体积含量云图。由图可知, 在大空化数流动条件下, 空泡形态与小空化数 ($\sigma_\infty = 0.8$) 呈现相同的周期变化规律, 包括由翼型前缘开始的空泡的初生、发展、断裂、脱落下泻和溃灭。不同的是, 在各典型时刻大空化数条件下的空泡流场规模和空泡最大几何尺寸都小于小空化数条件下的, 而且空泡的断裂位置更靠前。当流速和来流温度相同时, 空化数越大, 非定常空泡流的空化强度越弱, 空泡长度越小。

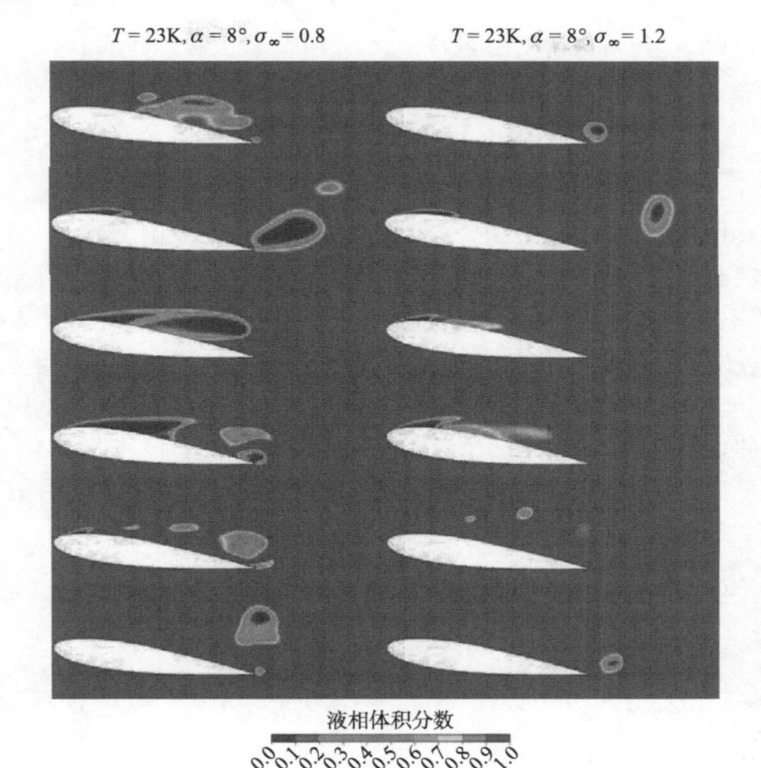


图 5.8　不同空化数下，一个周期的空泡形态液相体积含量云图 (彩图见封底二维码)

**2. 温度分布及变化规律**

图 5.9 给出了 $T = 23$ K, $\sigma_\infty = 1.2$ 时, 一个周期中几个典型时刻的温度云图。与 5.1 节 $T = 23$ K, $\sigma_\infty = 0.8$ 时的温度云图对比发现, $\sigma_\infty = 0.8$ 时的最大温降约为 3.6 K, $\sigma_\infty = 1.2$ 时的最大温降约为 3.0 K, 同时, 对下游温度场影响较小。此外, 本书还分别计算了 $T = 20$ K 和 $T = 25$ K 在 $\sigma_\infty = 1.2$ 时的空泡流场, 其最

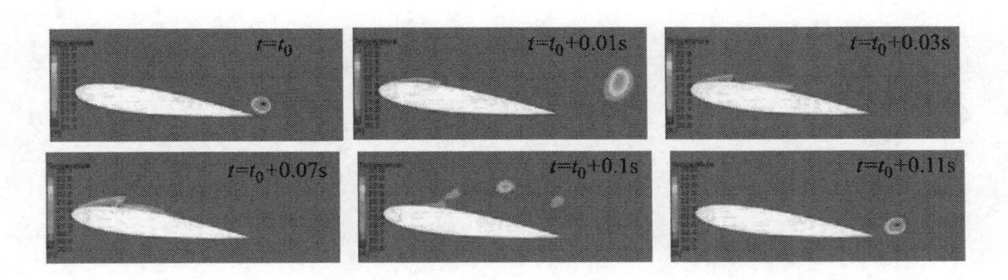


图 5.9　$T = 23$ K, $\sigma_\infty = 1.2$ 时, 温度云图 (彩图见封底二维码)

大温降分别为 2.2 K 和 3.6 K, 相较小空化数情况, 最大温降都减小了。可见, 在局部空泡脱落阶段范围内, 当来流温度和来流速度不变时, 来流空化数越小, 最大温降越大。

**3. 升、阻力曲线变化规律**

图 5.10 为不同空化数下, 升、阻力曲线随时间变化规律。图 5.11 为对应升、阻力系数频谱曲线。由图可知, 大空化数下, 升力系数和阻力系数同样呈周期变化规律, 其振荡幅值、时均值和振荡频率都大于小空化数情况。升、阻力系数随时间变化曲线经傅里叶变换得到频谱图 5.11。空化数 $\sigma_\infty = 1.2$ 时, 升、阻力系数的主频相同, $f = 10.24$ Hz, 对应的斯特劳哈尔数 $Sr = 0.154$; 空化数 $\sigma_\infty = 0.8$ 时, 升、阻力系数的主频相同, $f = 9.62$ Hz, 对应的斯特劳哈尔数 $Sr = 0.144$。在相同来流速度、来流温度和翼型攻角下, 升、阻力系数振荡频率和斯特劳哈尔数随来流

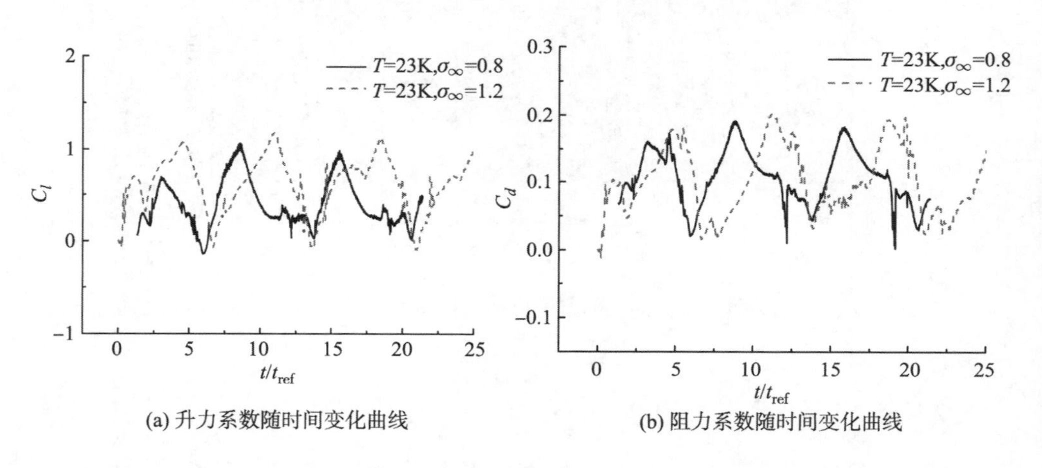


(a) 升力系数随时间变化曲线　　(b) 阻力系数随时间变化曲线

图 5.10　$T = 23$ K, $\alpha = 8°$ 时，升、阻力系数曲线

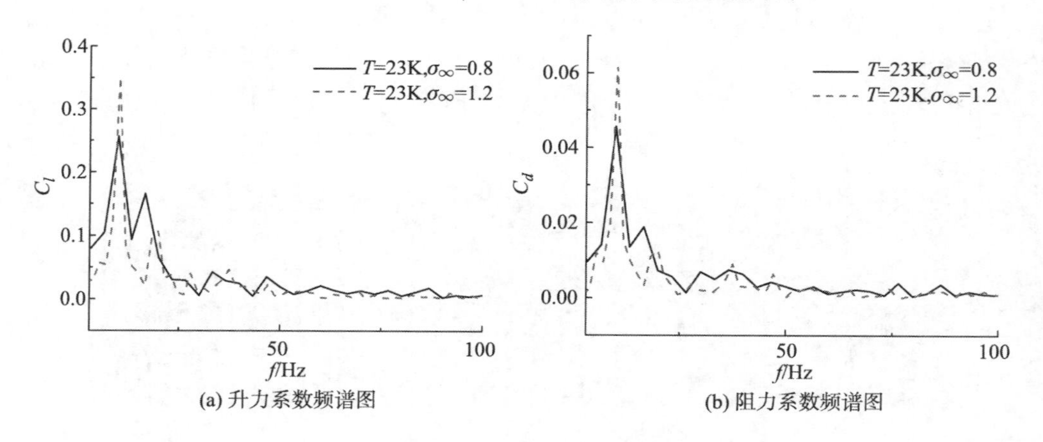


(a) 升力系数频谱图　　(b) 阻力系数频谱图

图 5.11　不同空化数下，升、阻力系数频谱曲线

空化数的增加而增加。同时, 在略大于主频的位置有次级频率出现, 本书认为是片状空泡断裂后, 空泡脱落过程中, 尾部涡流结构引起压力波动产生次级频率。

### 5.2.2　翼型攻角对液氢非定常空泡的影响

为进一步分析液氢绕翼型非定常空泡流的影响因素, 本节对 NACA0015 翼型在流场温度 $T = 25$ K、攻角 $\alpha = 4°$、$U_\infty = 10$ m/s、$\sigma_\infty = 0.8$ 时的非定常空泡流动进行数值模拟。分析小攻角下的非定常空泡, 并与前文的大攻角情况进行对比研究。计算采用的几何模型、边界设置和数值模型与 5.1 节一致。

**1. 空泡形态的变化过程**

图 5.12 为不同攻角下, 一个周期的空泡形态液相体积含量云图。如图所见, 在翼型攻角 $\alpha = 4°$ 下, 其空泡形态与大攻角下的空泡形态极为相似, 只是空泡尺寸略有减小。空泡的断裂点位置较大攻角靠前。在计算的其他流场温度下, 也有

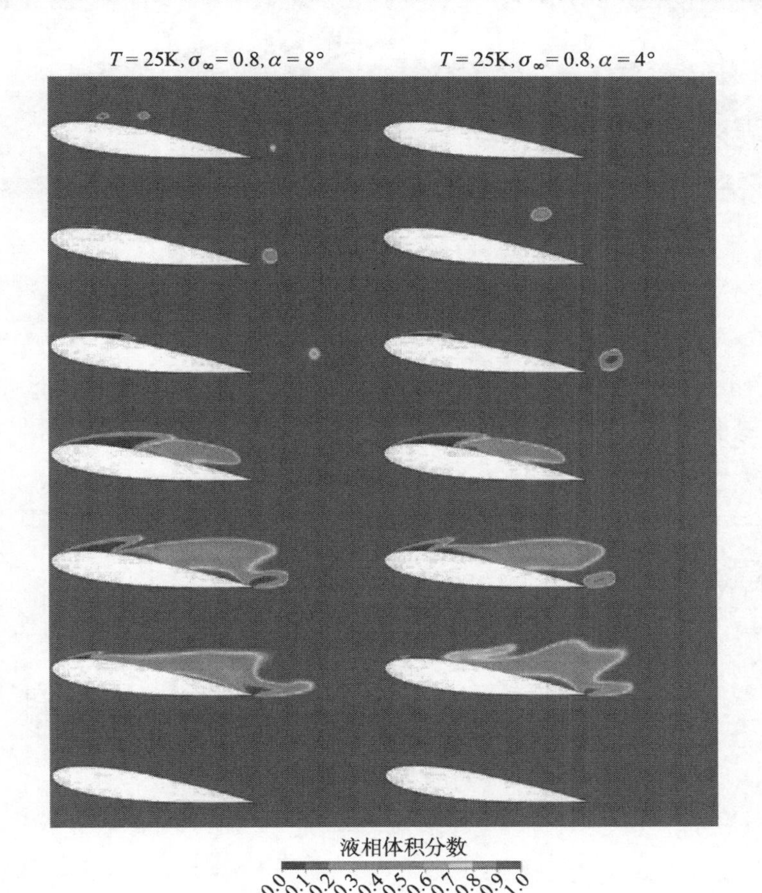


图 5.12　不同攻角下, 一个周期的空泡形态液相体积含量云图 (彩图见封底二维码)

相同情况。可见, 在相同流场参数条件下, 在一定攻角范围内, 攻角对片状空化阶段非定常空泡形态的影响很小。

**2. 温度分布及变化规律**

图 5.13 为翼型攻角 $\alpha = 4°$ 时, 几个典型时刻的温度云图。与 5.1 节 $T = 25$ K, $\sigma_\infty = 0.8$, 翼型攻角 $\alpha = 8°$ 时的温度云图对比发现, $\alpha = 8°$ 时的最大温降约为 3.8 K, $\alpha = 4°$ 时的最大温降约为 3.76 K, 同时, 对下游温度场影响较小。此外, 本书还分别计算了 $T = 20$ K 和 $T = 23$ K 在 $\alpha = 4°$ 时的空泡流场, 其最大温降分别为 2.5 K 和 3.5 K, 相较大攻角情况, 最大温降都减小了, 但减小的幅值很小。可见, 在局部空泡脱落阶段范围内, 当来流温度和来流速度不变时, 攻角越小, 温降越小。但最大温降的变化对攻角变化并不敏感, 在小攻角范围内, 可以近似认为最大温降是一定的。

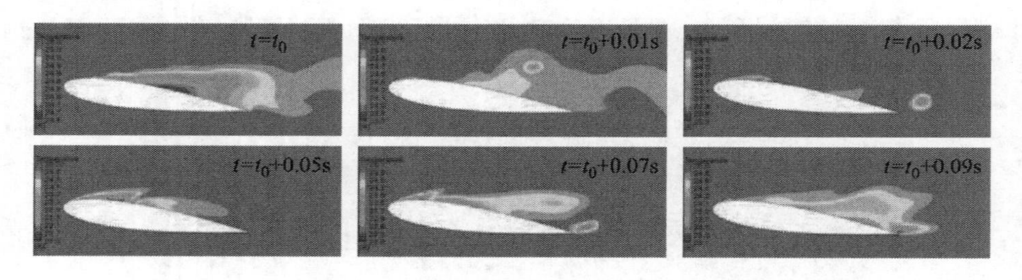


图 5.13　$T = 25$ K, $\alpha = 4°$ 时, 温度云图 (彩图见封底二维码)

**3. 升、阻力系数变化规律**

图 5.14 为不同攻角下, 升、阻力曲线随时间变化规律。图 5.15 为对应升、阻力系数频谱曲线。由图可知, 小攻角下, 升力系数和阻力系数同样呈周期变化规律,

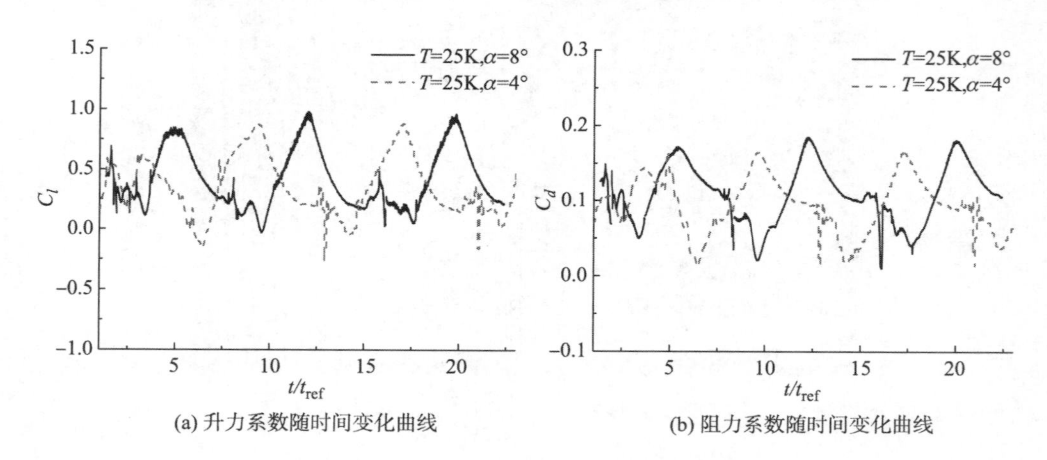


(a) 升力系数随时间变化曲线　　(b) 阻力系数随时间变化曲线

图 5.14　$T = 25$ K, $\sigma_\infty = 0.8$ 时, 升、阻力系数曲线

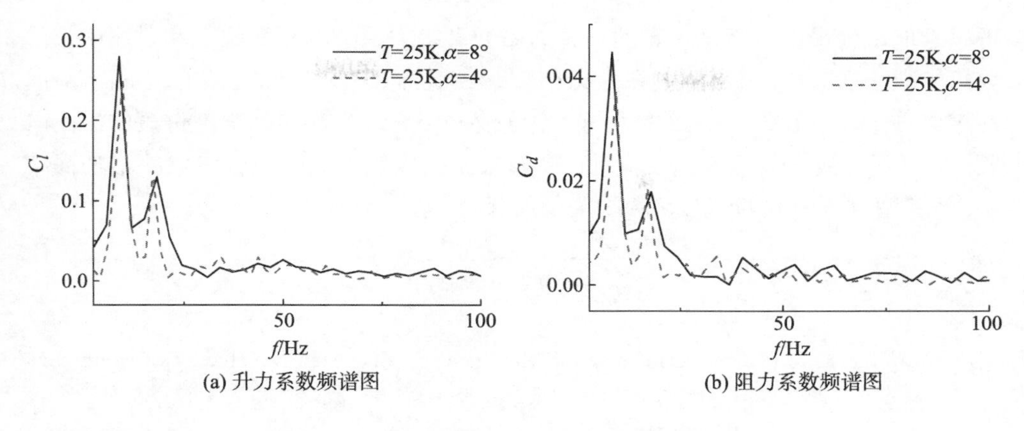

(a) 升力系数频谱图　　(b) 阻力系数频谱图

图 5.15　不同攻角下，升、阻力系数频谱曲线

其振荡幅值、时均值都小于大攻角情况，振荡频率大于大攻角情况。升、阻力系数随时间变化曲线经傅里叶变换得到频谱图 5.15。翼型攻角 $\alpha = 4°$ 时，升、阻力系数的主频相同，$f = 9.5$ Hz，对应的斯特劳哈尔数 $Sr = 0.1425$；翼型攻角 $\alpha = 8°$ 时，升、阻力系数的主频相同，$f = 8.58$ Hz，对应的斯特劳哈尔数 $Sr = 0.128$。在相同来流空化数和来流温度下，升、阻力系数振荡频率和斯特劳哈尔数随翼型攻角的增加而减小。

## 5.3 小　结

在一定来流空化数范围内，液氢绕 NACA0015 翼型空泡流呈现周期变化过程和空泡脱落现象。在相同来流空化数和翼型攻角条件下，随来流温度的升高，空泡区域减小，空泡的最大几何尺寸减小。空泡区域温度降低，并随来流温度的升高，最大温降增大。在空泡溃灭区温度略有升高。在相同来流空化数和翼型攻角下，随来流温度的升高，翼面低压区减小，空泡闭合区压力梯度减小。回射流是引起空泡断裂的主要原因，随来流温度的升高，回射流范围减小，断裂点位置越靠后。升、阻力系数的振荡周期随温度的增加而增加，时均值随温度的增加而减小。在相同温度和翼型攻角下，空泡的最大几何尺寸随来流空化数的增加而减小，而且来流空化数越大，空泡的断裂位置越靠前。来流空化数越小，最大温降越大。升、阻力系数的振荡幅值、时均值都随来流空化数的增加而增加，振荡频率和斯特劳哈尔数随来流空化数的增加而增加。在相同温度和来流空化数下，随翼型攻角的减小，空泡尺寸略有减小。空泡的断裂点位置较大攻角靠前。在一定攻角范围内，攻角对片状空化阶段非定常空泡形态的影响很小。随翼型攻角的减小，最大温降减小，但减小的幅值很小。最大温降的变化对攻角变化并不敏感，在小幅度攻角变化范围内，可以近似认为最大温降是一定的。升力系数和阻力系数的振荡幅值和时均值都随攻角的减小而减小; 升、阻力系数振荡频率和斯特劳哈尔数随攻角的增加而减小。在雷诺数 ($10^6$ 量级) 一定的条件下, 空泡流处于局部空泡向超空泡过渡的振荡阶段, 小幅度攻角变化范围内, 最大温降随来流空化数引起的组合参数的增加而减小, 随翼型攻角引起的组合参数的增加而保持不变。

## 参考文献

[1] Saito Y, Takami R, Nakamori I. Numerical analysis of unsteady behavior of cloud cavitation around a NACA0015 foil [J]. Computational Mechanics, 2007, 40(1):85.

# 第 6 章 非定常空化三维流动及旋涡结构特性

非定常空化流动是一种伴随着相变和多尺度旋涡运动的复杂湍流流动，而空化热力学效应会使得复杂的空化流动变得更加难以预测，适用于定常流动的湍流模型在模拟非定常流动时往往具有局限性，因此，建立计算热力学敏感流体非定常空化流动数值方法，对此类问题的研究显得尤为重要。本章首先分析基于标准 $k$-$\varepsilon$ 湍流模型建立的 PANS 湍流模型的特点，而后以氟化酮绕水翼非定常空化流动为例，通过耦合 PANS 湍流模型和前面所验证的空化模型，基于试验结果阐述调节控制参数的 PANS 湍流模型对热力学敏感流体非定常空化流动的适用性。最后，通过计算结果展示热力学敏感流体氟化酮绕水翼非定常空化流动空泡演变规律和空化流场旋涡特性。

## 6.1 计算模型和网格

本章数值计算的几何模型和方法验证均参考 Kelly 和 Segal[1] 开展的水洞试验。由于采用液氢和液氧等低温流体介质开展水洞试验具有较难的技术问题和危险性，Kelly 等采用了一种与液氢、液氧等低温流体介质具有相近物性的流体介质氟化酮 (fluoroketone) 作为空化热力学效应的研究对象。根据不同流体介质热力学特性对比可知这种介质在常温条件下就表现出明显的热力学特性，因此，采用氟化酮流体介质进行研究可作为分析热力学敏感流体空化流动热力学效应的有效方法。

Kelly 等开展试验研究的水洞工作段横截面为 0.1 m×0.1 m，试验模型为 NACA0015 型水翼，试验过程中来流速度、水翼攻角、环境压力以及流体介质温度等参数可调。本书数值计算采用的计算域模型按原水洞试验模型 1:1 建立，如图 6.1 所示。其中水翼模型弦长 $c = 50.8$ mm，跨度 $L = 100$ mm。计算流域中水翼前缘 (leading edge, LE) 与入口距离为 $2.1c$，水翼后缘 (trailing edge, TE) 与出口距离为 $5c$。根据试验条件，入口边界条件设置为速度入口，出口边界条件设置为压力开口，工作段四周壁面设置为绝热壁面。为有效开展非定常空化流动计算，保证计算过程的准确性和收敛性，首先进行氟化酮绕水翼定常单相流动计算，计算收敛后再进行定常空化流动计算，最后再以定常空化流动结果为初始值进行非定常空化流动数值计算。

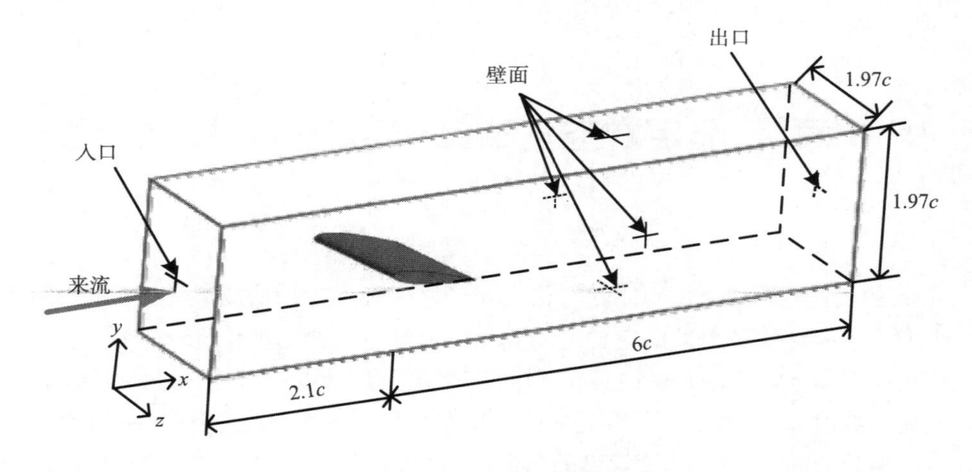


图 6.1　计算域和边界条件

为便于计算结果分析, 数值计算过程中在水翼表面设置流场压力和温度数据监测点, 如图 6.2 所示。监测点分别位于水翼三个不同截面上, 见图 6.2(a); 每个截面上的监测点分布位置如图 6.2(b) 所示。

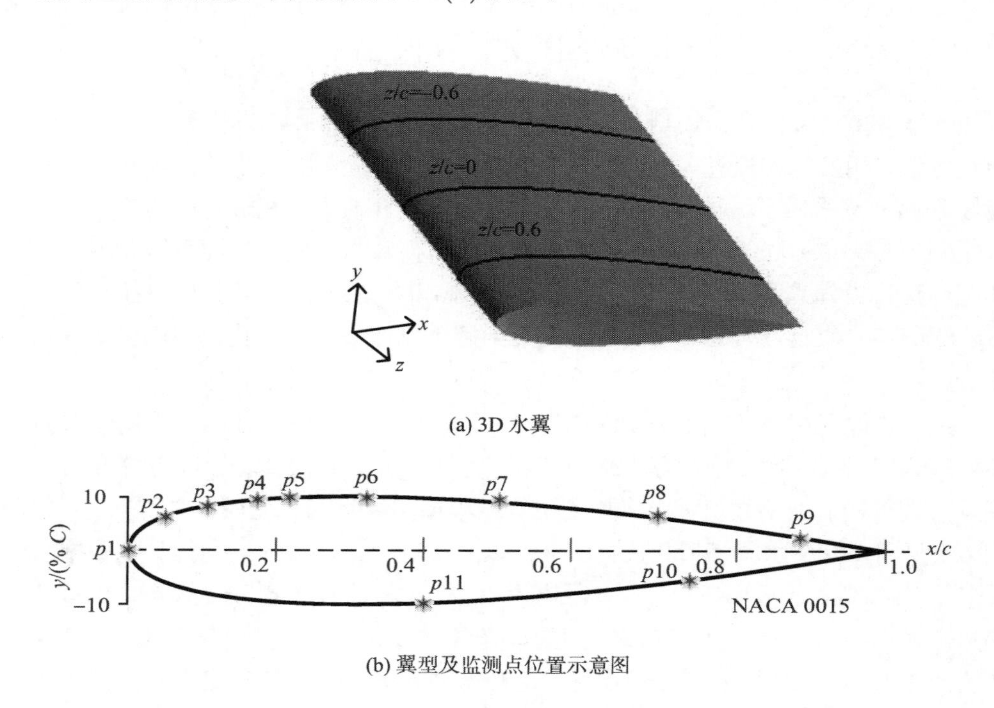


图 6.2　NACA0015 翼型示意图及监测点分布

整个计算域采用六面体结构化网格进行划分, 其中水翼及周围网格划分如

图 6.3 所示。为有效捕捉空化流场特性, 将水翼壁面及周围近场区域网格进行加密处理。为验证计算网格的无关性, 通过调节翼型表面及周围近场网格节点数来分析相同划分方法下不同数量网格对计算结果的影响。

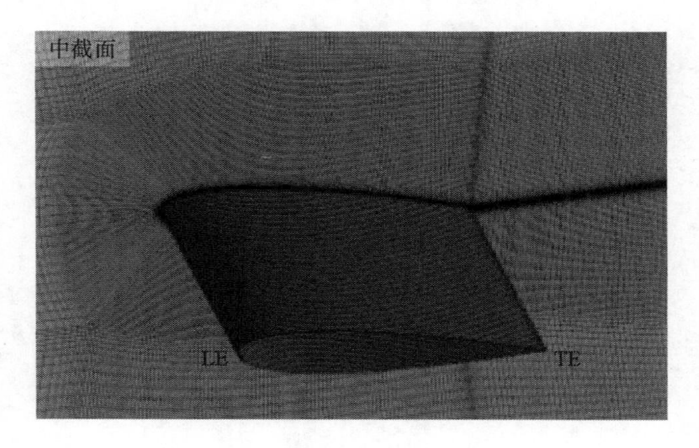


图 6.3 水翼及周围网格划分

为验证计算网格无关性, 首先对比了六种不同数量的计算域网格计算结果。表 6.1 给出了图 6.2 水翼表面 $p5$ 和 $p11$ 非定常计算中监测点最大压强数值, 通过对比可以看出, 不同数量网格计算的结果有差异, 当网格数量较小时监测点最大压力值较高, 随着网格数量的增加, 监测点压力最大值差别逐渐减小。从表中可以看出, 网格 5 和网格 6 两种网格数量虽然相差较大, 但是计算得到的压强值接近。

**表 6.1** 不同数量网格下监测点最大压力对比

| 序号 | 网格节点数 | $p5$ 点最大压强/Pa | $p11$ 点最大压强/Pa |
|---|---|---|---|
| 1 | 455670 | 39763 | 62600 |
| 2 | 986700 | 39291 | 62302 |
| 3 | 1358340 | 37886 | 62019 |
| 4 | 1879080 | 35693 | 61900 |
| 5 | 2466560 | 35773 | 61704 |
| 6 | 4266900 | 35779 | 61658 |

六种数量网格计算的翼型时均升力系数和阻力系数如图 6.4 所示。首先给出升力系数 $C_l$ 和阻力系数 $C_d$ 的表达式:

$$C_l = \frac{F_y}{0.5\rho_l U_\infty^2 A}, \quad C_d = \frac{F_x}{0.5\rho_l U_\infty^2 A} \tag{6.1}$$

式中, $F_x$ 为水翼所受的阻力; $F_y$ 为水翼所受的升力; 特征面积 $A$ 为翼型弦长和跨度的乘积。

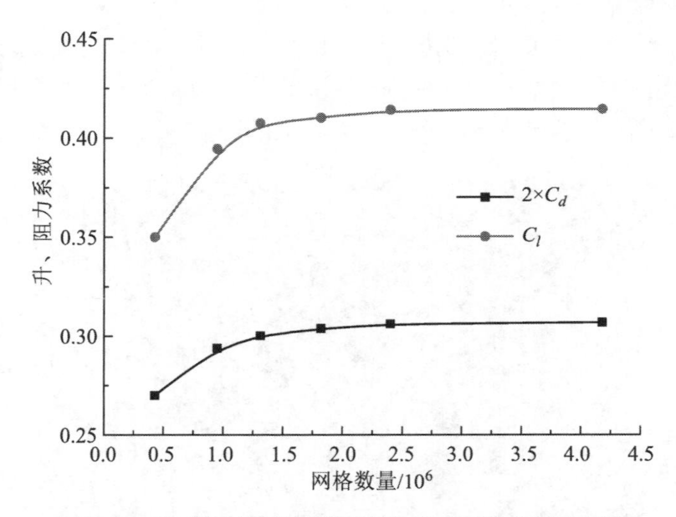


图 6.4 不同数量网格下翼型时均升力系数和阻力系数

当网格数量从网格 1 到网格 4 变化时, 阻力和升力系数都随着网格数量的增加而增大, 此时改变计算网格数量会明显影响计算结果。网格 4 和网格 5 计算的结果差异较小, 网格数量由 247 万 (网格 5) 增至 427 万 (网格 6) 时, 升力系数和阻力系数基本保持不变。所以, 为保证计算精度, 提高计算效率, 选取网格 5 作为计算网格。

## 6.2 PANS 湍流模型控制参数敏感性分析

根据 PANS 湍流模型特点, 当 $f_k$ 的取值从 1 ~ 0 逐渐减小时, 可实现由 RANS 模型向 DNS 模型的过渡, 从而增加对流场中不同尺度湍流运动的捕捉效果。本节基于热力学流体介质氟化酮绕 NACA0015 水翼空化流动试验数据对 PANS 模型的控制参数 $f_k$ 取值的敏感性进行分析。

计算工况设置与试验条件保持一致, 选取的试验工况如温度、流速、空化数等参数如表 6.2 所示。

**表 6.2** 计算工况和边界条件

| 工况 | 攻角 | 介质 | $T_\infty$/°C | $U_\infty$/(m/s) | $\sigma_\infty$ |
|---|---|---|---|---|---|
| F01 | 7.5° | 氟化酮 | 25 | 7.5 | 0.7 |
| F06 | 7.5° | 氟化酮 | 30 | 7.5 | 0.7 |

计算过程中对 $f_k$ 取值依次减小, 分别为 1.0, 0.8, 0.7, 0.6, 0.5, 0.4 和 0.3。图 6.5 给出了 F01 工况下水翼表面空泡形态变化数值计算结果与试验结果对比。试验结果显示, 水翼表面空泡发生脱落, 脱落过程中表现出非定常特性。数值计算

结果表明: 当 $f_k$ 的值为 1.0 时 (标准的 $k$-$\varepsilon$ 湍流模型), 水翼表面基本呈定常空化流动, 空泡长度和厚度几乎保持不变; 当 $f_k = 0.8$ 时, 水翼表面空泡变得不稳定, 但是没有明显的空泡脱落现象; 当继续减小 $f_k$ 时, 水翼周围空化流动改变明

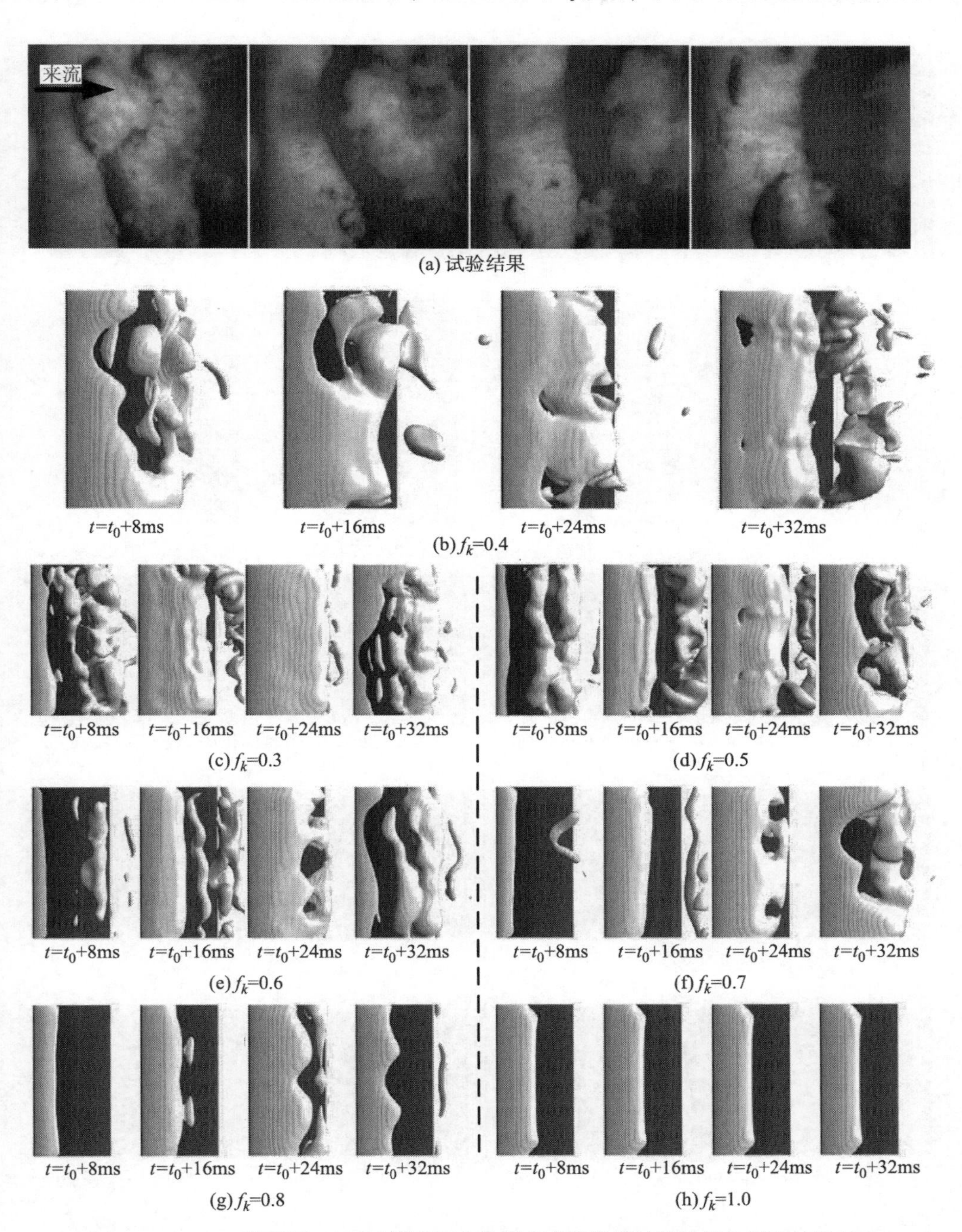


图 6.5 F01 工况不同 $f_k$ 下水翼表面空泡形态变化数值计算结果与试验结果对比

显, 在水翼周围出现云状空泡, 并发生明显的脱落; 通过对比可知, 当 $f_k = 0.4$ 时, 数值计算获得的水翼表面空泡形态变化与试验结果吻合较好。

图 6.6 给出了 F06 工况空泡形态变化数值计算和试验结果对比。不同 $f_k$ 值

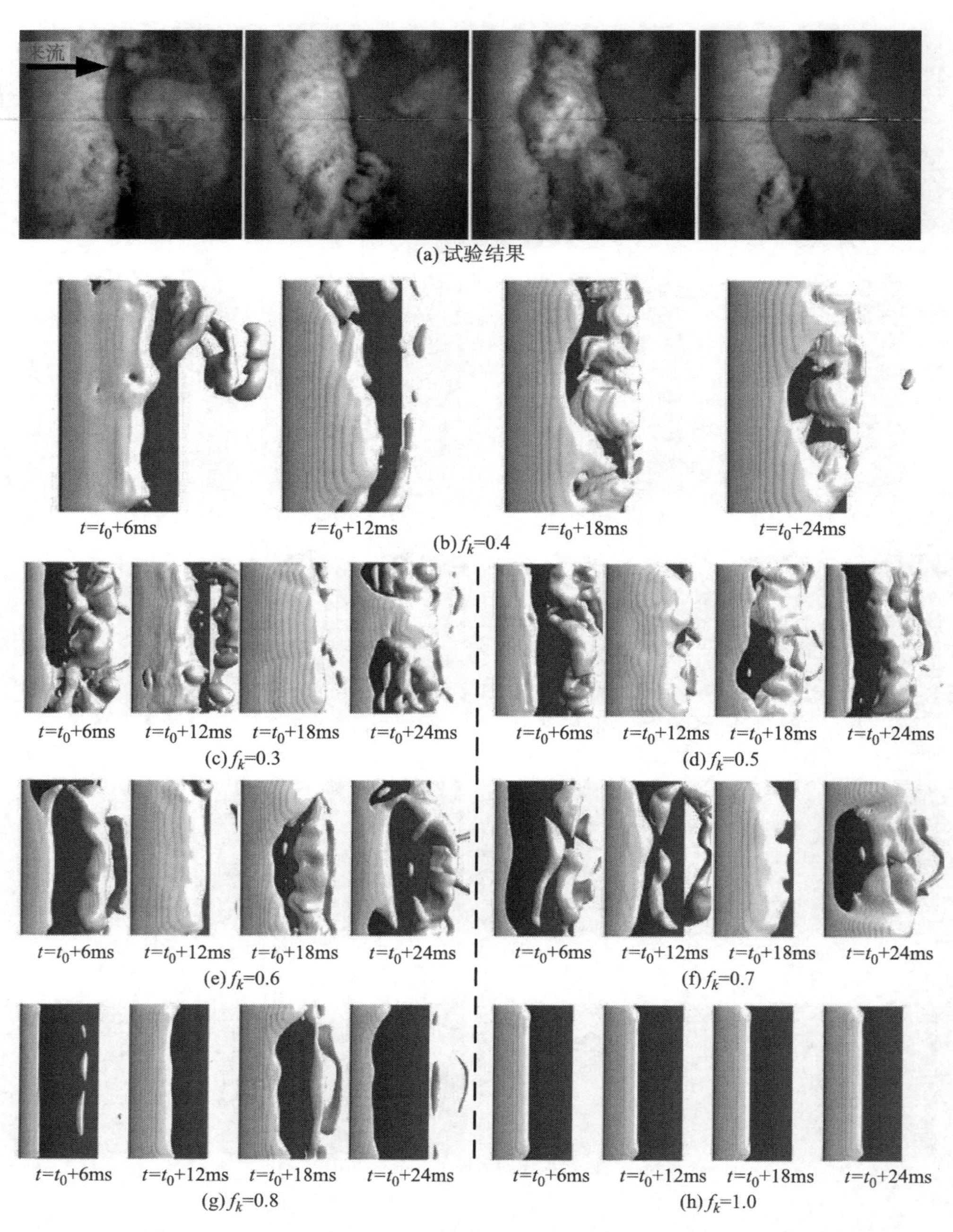


图 6.6 F06 工况不同 $f_k$ 下空泡形态变化数值计算与试验结果对比

下水翼周围瞬态空泡形态变化趋势与 F01 工况基本一致, 减小 $f_k$ 的值可捕捉到更加复杂的空化流场。当 $f_k = 0.4$ 时, 数值计算可较好地反映出试验结果。

通过图 6.5 和图 6.6 中不同 $f_k$ 值计算的流场空泡形态变化对比可知, 减小 $f_k$ 的值有助于预测空化流场的非定常特性, 当 $f_k = 0.4$ 时, PANS 湍流模型可以很好地捕捉水翼周围附着空泡的非定常演变过程。

为进一步评价 PANS 模型中的控制参数 $f_k$, 下面分析数值计算得到的流体动力学特性。图 6.7 给出了两种工况下水翼表面不同位置监测点时均压力的数值结果与试验数据的对比。其中横坐标为监测点距离翼型头部的距离 $x$ 与水翼弦长 $c$ 的比值, 纵坐标为表面压力系数。由于空化发生起始于水翼前缘, $x/c = 0.12$ 监测点位于空化核心区, 所以当地发生压降最大; 位于水翼下游的监测点区域由于空化非定常地脱落, 在该区域压力时均值增大, 且越靠近水翼尾部压力值越大。从不同 $f_k$ 参数下的数值计算结果可以看出, 不同 $f_k$ 值计算得到的水翼表面压强变化趋势与试验结果一致, 同一监测点上的压强随着 $f_k$ 的减小而降低。结合图 6.5 和图 6.6 可知, 减小 $f_k$ 时水翼周围空化强度增加, 由于氟化酮空化热力学属性显著, 当空化强度较大时空化区域温降增加, 当地介质的气化压力减小, 这就表现为较小 $f_k$ 值得到的表面压力系数降低得多。综合对比两种工况下不同监测点数值的计算结果和试验数据, 当 $f_k = 0.4$ 时, 数值计算结果很好地捕捉到了流场压力变化。

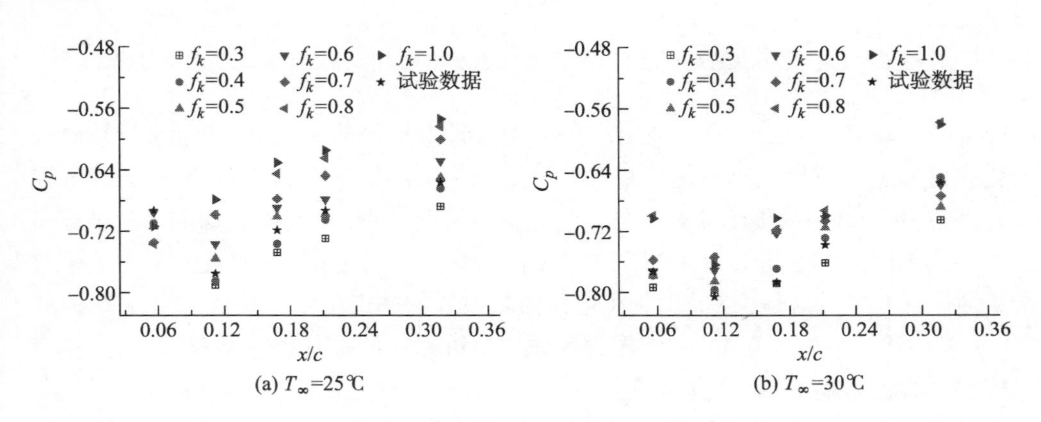

(a) $T_\infty$=25℃ (b) $T_\infty$=30℃

图 6.7 不同 $f_k$ 数值下数值计算压力结果与试验数据对比

为更加深入讨论 $f_k$ 参数对空化流场非定常特性预测的影响, 下面分析 $f_k$ 取值分别为 1.0, 0.7 和 0.4 时水翼表面主要附着空泡形态相似的瞬时状态流场空泡形态和旋涡结构特性。图 6.8 给出了三种 $f_k$ 取值下水翼表面空泡形态和旋涡结构对比, 其中空泡形态等值面气相体积分数为 0.1。从图中可以看出, 不同 $f_k$ 取值时水翼尾部空泡形态不同, 当 $f_k = 0.4$ 时, 水翼周围空泡发生明显脱落。对比

图 6.8(b) 中的水翼周围旋涡结构，在水翼表面附着空化主要区域的旋涡分布与空化发生区域接近，在空泡尾部及下游区域的旋涡结构变得更加复杂。对比三种 $f_k$ 取值下的旋涡结构分布可知，随着 $f_k$ 取值的减小，旋涡结构的尺度变得更加丰富，分散范围更大。可见，减小 $f_k$ 取值可提升对空化流场瞬时流动旋涡结构细节的捕捉。

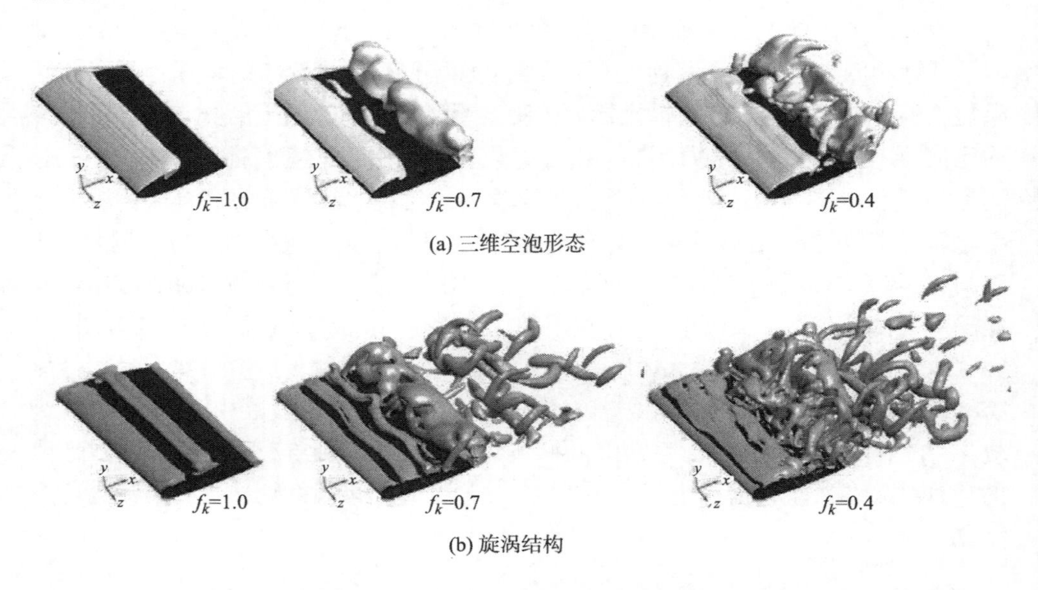


图 6.8　不同 $f_k$ 参数下 F01 工况典型状态水翼表面空泡形态和旋涡结构对比

Coutier-Delgosha 等 [2] 指出，在空泡尾部过度预测湍流黏度可能会导致对空化脱落非定常特性预测不足。基于此猜测，图 6.9 给出了 F01 和 F06 工况不同 $f_k$ 取值下的翼型周围湍流黏度分布。从图中可明显看出，湍流流动主要集中分布在空泡尾部，并且当 $f_k$ 取值为 1.0 时，湍流黏度值过度预测，并且大范围地覆盖空泡尾部及下游区域，从而抑制了空化流场空泡的非定常性和脱落；当 $f_k$ 取值从 0.8 减小到 0.5 的过程中，空泡尾部区域的湍流黏度值呈减小趋势变化，湍流黏度核心区域较为集中，并且在水翼下游位置表现出波动形式的非定常性，结合图 6.5 和图 6.6 可知，这四种 $f_k$ 取值时，空泡的非定常性和脱落特性随着 $f_k$ 取值的减小而更加显著；当 $f_k = 0.4$ 和 $f_k = 0.3$ 时，空泡尾部区域湍流黏度值变得很小，从而大大降低了对空泡非定常特性和脱落的抑制。可见，减小 PANS 湍流模型中的 $f_k$ 取值可有效地解决对流场湍流黏度过度预测的问题，从而提升对复杂空化流场非定常性的预测能力。

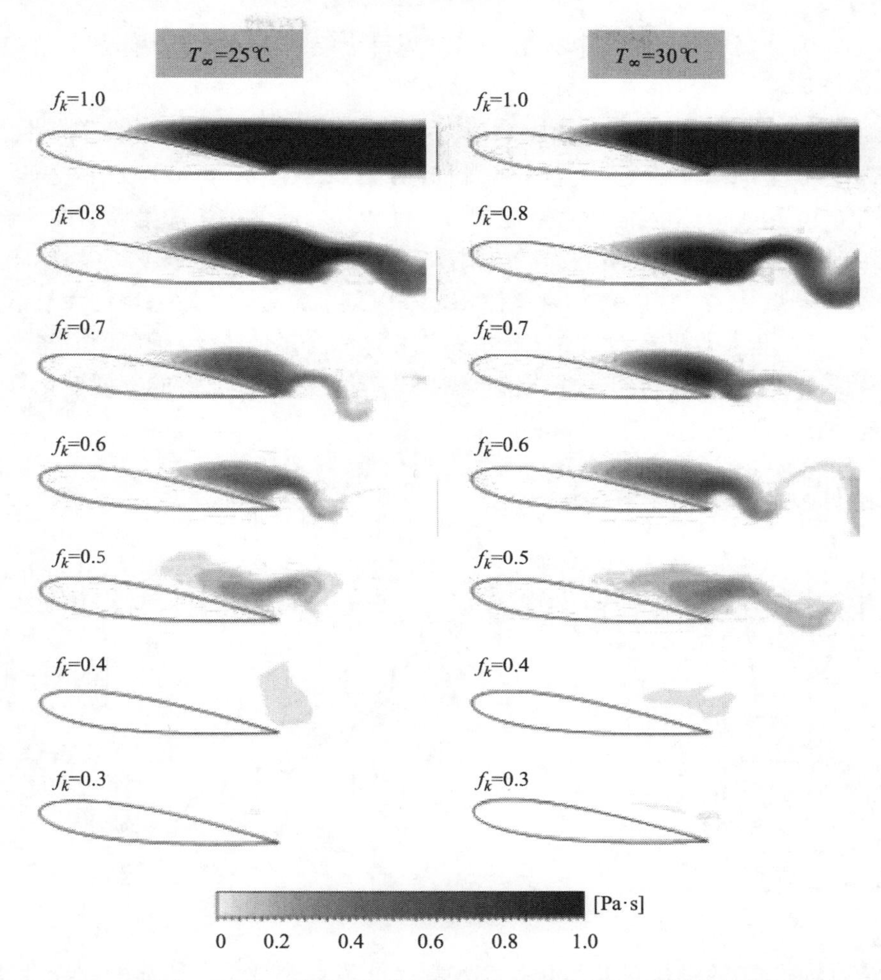


图 6.9 不同 $f_k$ 参数下空化流场翼型周围湍流黏度分布 (彩图见封底二维码)

## 6.3 氟化酮非定常空化流动空泡发展和脱落特性分析

由前面分析可知氟化酮绕水翼空化流动流场表现出了明显的非定常特性, 下面对氟化酮绕水翼空化流动流场动力学特性进行分析, 其中选取水翼的升力系数周期作为非定常空化流动的特征参考周期, 定义为 $T_{\mathrm{ref}}$。

图 6.10 给出了空化流场空泡体积和翼型表面附着空泡无量纲面积 $S/S_c$ (其中 $S$ 为翼型表面附着空泡面积, $S_c$ 为翼型弦长与跨度的乘积) 随无量纲时间变化的曲线, 其中空泡体积 $V$ 定义为

$$V = \sum_{i=1}^{N} \alpha_i V_i \tag{6.2}$$

式中, $N$ 为计算域内总的控制体数量; $\alpha_i$ 为每个控制体内的气相体积分数; $V_i$ 为控制体的体积。

从图 6.10 可以看出, 流场内气相体积变化体现出了较好的非定常特性, 流场内气相体积呈周期性的变化, 但是各个周期内的最大空泡体积和最小体积量有差异; 图 6.10(b) 中翼型表面附着空泡无量纲面积随着时间的增加呈周期性变化, 但是相比于气相体积含量, 不同周期内附着空泡无量纲面积差别较小。对比图中瞬时监测数据点 1~7 可知, 气相含量体积最小时刻与翼型表面附着空泡无量纲面积最小值一致, 但是在监测点 3 时刻, 虽然气相体积含量值较大, 但是附着空泡无量纲面积较小, 这可能是由于水翼周围空泡非定常脱落引起二者的发展变化趋势不同, 这将在下面进一步进行分析和验证。

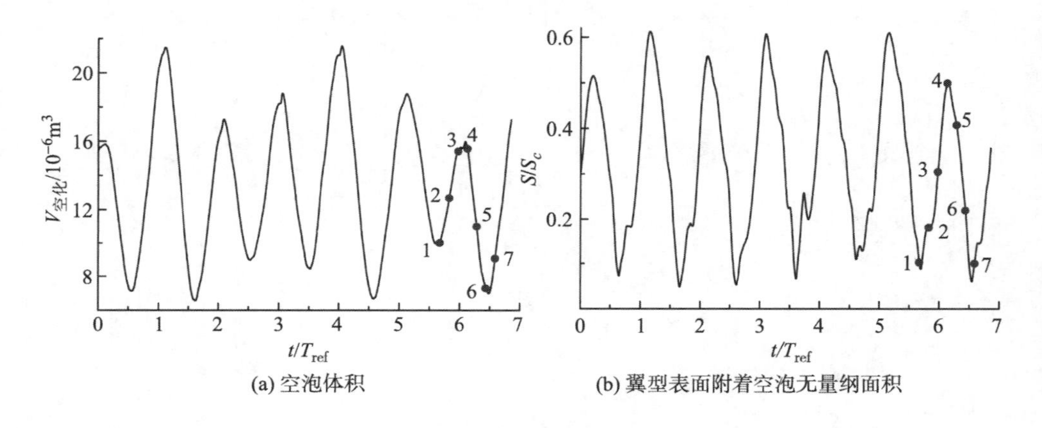


(a) 空泡体积　　(b) 翼型表面附着空泡无量纲面积

图 6.10　翼型周围空泡变化

从上面给出的结果可知氟化酮绕水翼空化流动表现出了明显的周期性特性。为深入分析空泡周期性发展和脱落特性, 分别提取图 6.10 七个等间隔时刻的空化流场瞬时三维空泡形态、流场中截面气相体积分数、压强以及速度矢量分布, 如图 6.11 所示, 定义周期的初始时刻为 $t_0$, 其他时刻依次以 $T_{\mathrm{ref}}/6$ 递增。从图中可以看出: ①在 $t_0$ 时刻, 上个周期刚刚结束, 水翼前缘附着空泡消失, 在水翼下游和尾部脱落, 且脱落的空泡主要分布在水翼尾部, 此时水翼周围低压区主要集中在尾部区域; ②在 $t_0+T_{\mathrm{ref}}/6$ 时刻, 水翼前缘形成附着空泡, 并呈持续增长状态, 且在水翼尾部出现明显的旋涡团结构, 此时水翼前缘出现小范围低压区; ③在 $t_0+2T_{\mathrm{ref}}/6$ 时刻, 附着空泡继续向下游发展, 且水翼表面空泡厚度增加, 水翼尾部旋涡结构出现溃灭, 并随着流场主流向下游发展, 此时水翼表面低压区继续增大, 空化区域当地压力最小值为 25 kPa, 小于远场空化压强 40 kPa, 这是由于热力学引起空化流场温度降低, 所以当时热力学状态下气化压强值变小; ④在 $t_0+3T_{\mathrm{ref}}/6$ 时刻, 即图 6.10 中最大空泡体积含量和最大附着空泡时刻, 此时附着空泡基本覆盖水翼表面, 在水翼尾部空化区域空泡较厚, 水翼吸力面低压区域已经扩展到水翼尾部; ⑤在 $t_0+4T_{\text{ref}}/6$ 时刻, 在水翼尾部的压力梯度明显增加, 在壁面附近形成指向上游的反向射流, 并在空泡尾部发生空泡断裂趋势; ⑥在 $t_0+5T_{\text{ref}}/6$ 时刻, 水翼壁面反向射流持续向上游运动, 水翼表面空泡发生脱落并不断扩大, 附着空泡逐渐缩小; ⑦在 $t_0+7T_{\text{ref}}/6$ 时刻, 水翼表面出现新的附着空泡, 开始下一个周期性变化。

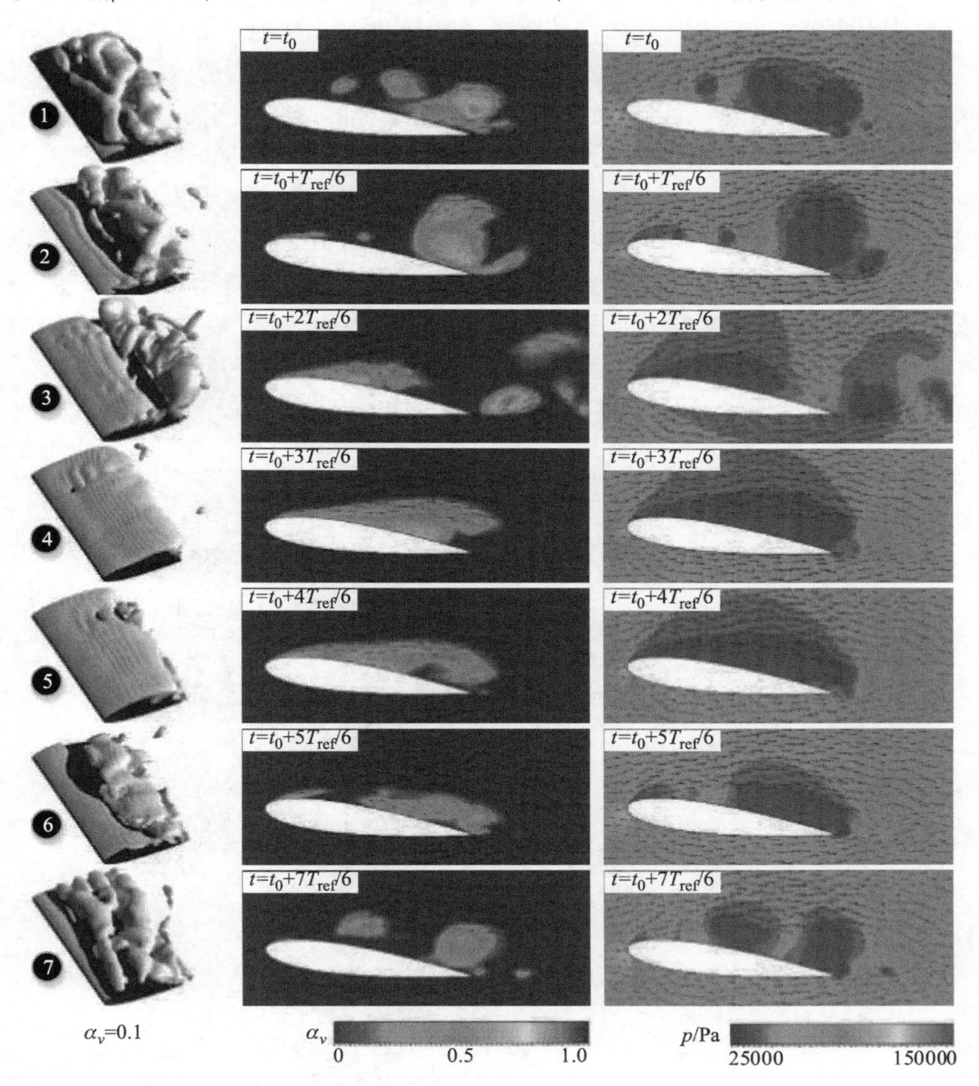


图 6.11 不同瞬时时刻水翼周围瞬时三维空泡形态、流场中截面气相体积分数、压强以及速度矢量变化 (彩图见封底二维码)

上述对空泡周期性特征的分析表明, 水翼周围流场空泡在一个周期内经历着产生、发展、断裂和脱落过程。为更加深入地认识各个阶段空化核心区域的流动特点, 下面讨论不同阶段典型时刻流场速度矢量分布特性。为此, 图 6.12 给出了上述 ③⑤⑥⑦ 四个时刻水翼周围瞬时速度矢量分布。③在 $t_0+2T_{\rm ref}/6$ 时刻附着空泡发展阶段: 图中 $a$ 区域下游存在涡状速度矢量场分布, 在 $a$ 区域上游存在指向水翼前缘的速度矢量, 在 $a$ 区域外侧主流区域速度矢量基本指向下游区域。这就表征为在此瞬时时刻水翼表面同时存在继续发展的附着空泡和向尾部脱落的空泡, 但是此时指向流场下游方向的流线明显占优, 所以空泡处于发展阶段。⑤在 $t_0+4T_{\rm ref}/6$ 时刻空泡脱落团形成阶段: 例如, 图中 $b$ 区域内近壁面的速度矢量均指向下游方向, 在图中 $c$ 区域内水翼的尾部出现明显的速度旋涡, 且在旋涡尾部贴近壁面的位置速度方向一方面沿壁面指向上游, 另外一方面以顺时针方向发展, 这就诱发了流场空泡的脱落和断裂。⑥在 $t_0+5T_{\rm ref}/6$ 时刻空泡明显断裂阶段: 尾部回射流显著引起水翼壁面流动向上游发展, 从而引起明显的空泡脱落, 图中 $d$ 区域内速度整体呈顺时针分布, 但在水翼尾部速度矢量方向主要指向流场下游; 在图中 $e$ 区域存在顺时针的速度场, 即在 $d$ 和 $e$ 之间的区域存在两个方向的周向流动, 从而引起下游空泡的断裂和脱落, 同时水翼表面附着空泡继续减小。⑦在 $t_0+7T_{\rm ref}/6$ 时刻下一个周期开始, 图中 $g$ 区域内顺时针速度场明显, 表征为上一

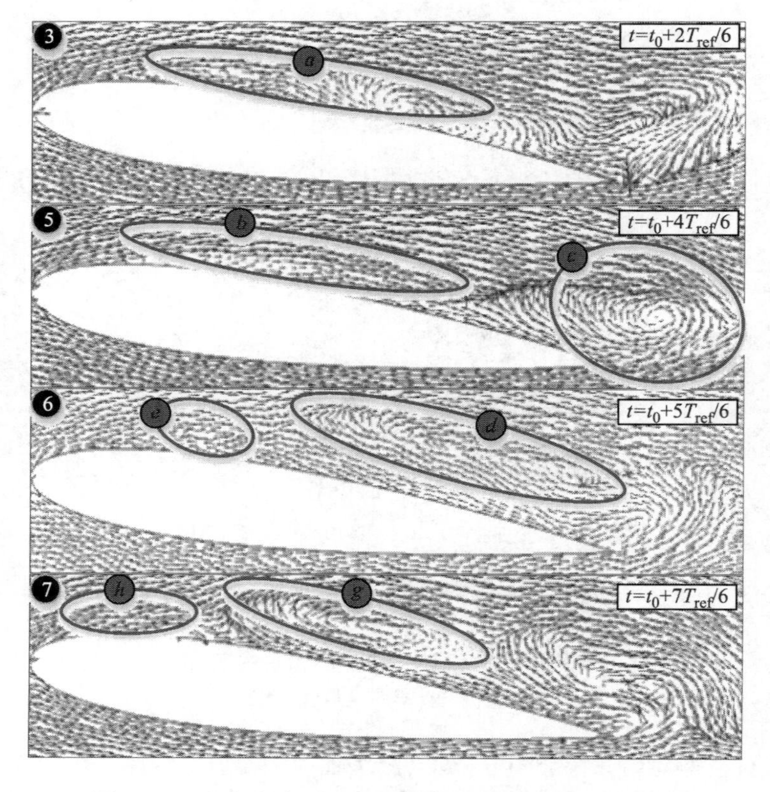


图 6.12　空化流动不同阶段水翼周围瞬时速度矢量分布

周期内大的附着空泡团脱落, 同时 $h$ 区域内指向下游的速度场加强, 促进附着空泡的发展。

为分析氟化酮绕水翼空化流场流体动力学特性, 图 6.13 给出了水翼的流体动力学特性随无量纲时间变化曲线, 其中图 (a) 和图 (b) 分别为水翼的升力系数和阻力系数。从图 6.13 中可以看出, 升力系数和阻力系数都随时间呈周期性变化, 且升力系数大于阻力系数, 不同周期内的最大值和最小值不同, 这说明虽然水翼的流体动力学特性呈周期性变化, 但是不同周期内的动力学动态特性仍有差别。

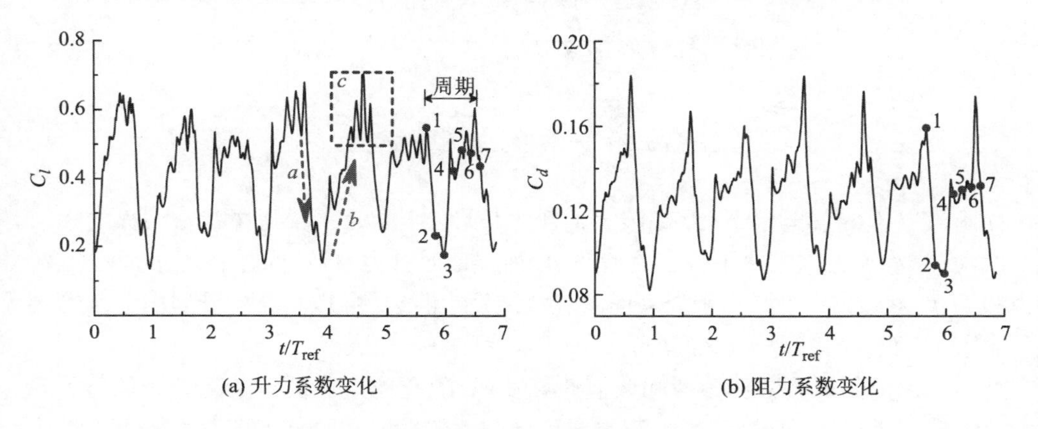

(a) 升力系数变化　　(b) 阻力系数变化

图 6.13　水翼的流体动力学特性变化

图 6.14 给出了水翼吸力面压强监测点 $p4$, $p7$, $p8$ 和压力面压强监测点 $p11$ 的动态压强变化曲线。图 6.14 中水翼吸力面和压力面压力也呈周期性变化, 且吸力面的压力低压区小于压力面的低压区值。吸力面低压区数值要小于远场介质气化压强 ($p_v(T_\infty) = 40$ kPa)。以图 6.13(a) 中一个周期内升力系数为例说明升力系数的变化特点, 在 $a$ 区域升力系数迅速减小, 达到最小值后在 $b$ 区域以缓慢趋势上升, 上升过程中压力出现小幅波动, 在 $c$ 区域峰值附近升力系数出现明显的波动, 并且持续范围较大。对比图 6.14 水翼表面动态压力数据可知, 在 $a$ 区域起始位置, 吸力面 $p4$, $p7$ 和 $p8$ 点压力处于低压区, 压力面 $p11$ 点值较大, 这样压力面与吸力面压差较大, 升力系数较高; 在 $a$ 区域的后面区域, 水翼吸力面和压力面压力都迅速升高, 但是二者之间差值减小, 升力系数下降趋势较快; 在 $b$ 区域, 压力面和吸力面压差增大, 升力系数升高; 在 $c$ 区域压力面和吸力面压力数据变化剧烈, 从而引起升力系数在 $c$ 区域表现为剧烈的脉动。

接下来讨论流场结构与水翼升力之间的关系: ①在 $t_0$ 时刻, 水翼表面发生大尺度的空泡团脱落, 水翼尾部空泡断裂和脱落导致水翼有较高的环量, 使得升力系数较大; ④在 $t_0 + 3T_{\mathrm{ref}}/6$ 时刻, 水翼附着空泡已经覆盖至水翼尾缘, 尾部大尺度空泡逐渐发展, 流动回射到水翼表面, 升力减小; ⑤在 $t_0 + 4T_{\mathrm{ref}}/6$ 时刻, 水翼表

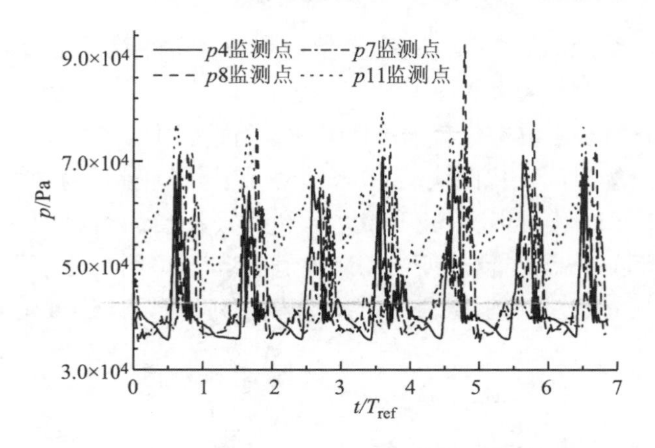


图 6.14 水翼壁面监测压强变化

面附着空泡覆盖至尾缘, 水翼吸力面压力值较小, 同时水翼尾缘存在明显的大尺度涡, 且涡流方向主要平行于翼型壁面, 所以此时升力系数升高; 在 ⑥$t_0+5T_{\rm ref}/6$ 和 ⑦$t_0+7T_{\rm ref}/6$ 时刻, 水翼表面附着空泡发生断裂, 并以复杂的旋涡向下游发展脱落, 从而引起升力发生脉动。

通过前面试验数据参考和数值计算发现, 氟化酮绕水翼空泡流动表现出了明显的非定常特性, 且沿流场主流方向呈周期性的发展和脱落。下面主要讨论空化流场沿水翼跨度方向流动特性。图 6.15 给出了瞬时空化流场三维空泡形态和流场内速度矢量分布, 同时与试验观测进行了对比。从图中可以明显看出, 水翼表面除了有平行于主流方向的回射流, 同时沿着水翼跨度方向存在指向两侧的回射流动。指向两侧的回射流动起始于空泡的尾部, 并沿水翼表面向上游分别以顺时针和逆时针趋势发展, 最后在空泡闭合位置与来流速度交汇, 从而引起从水翼中间向水翼两侧演变的脱落方式, 得到的数值计算结果与试验结果一致。可见, 侧向回射流影响着氟化酮绕水翼空化的流动特性, 使空泡脱落过程变得更加复杂。

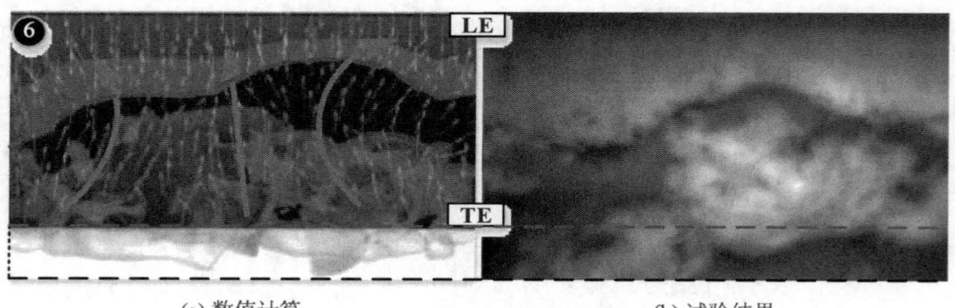


(a) 数值计算 (b) 试验结果

图 6.15 瞬时空化流场三维空泡形态和流场内速度矢量分布

为分析水翼壁面压力沿跨度方向的分布特性, 三个截面 $z/c=-0.6$, $z/c=0$ 以及 $z/c=0.6$ 上不同监测点的压力变化如图 6.16 所示, 监测点距水翼前缘距离 $x/c$ 的值分别为 0.112, 0.168, 0.212, 0.317, 0.4 和 0.883。从图中可以看出, 同一

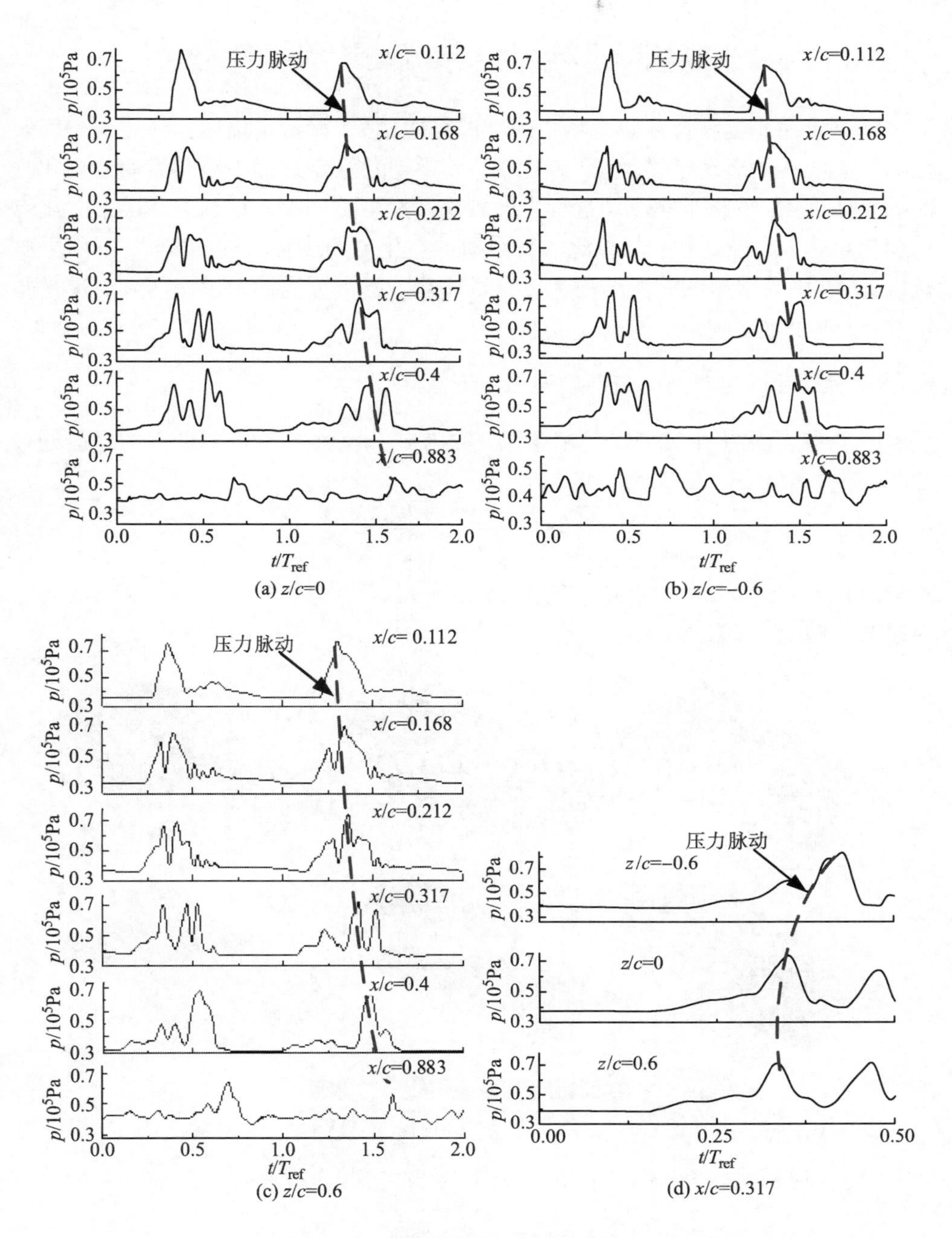


图 6.16 不同跨度位置水翼壁面压力变化

截面上主要压强波由翼型下游向前缘线性传播, 这也反映出了空泡脱落的动力学特性。图 6.16(d) 中不同截面 $x/c=0.317$ 位置处压强随时间变化不同, 压强峰值大小不同, 压强主要峰值沿跨度方向传播速度没有表现出明显的线性特征。

## 6.4 氟化酮非定常空化流动旋涡特性分析

空化流动非定常特性与流场中的旋涡密切相关, 涡量是描述存在速度梯度的流场有旋流动的运动学物理量, 氟化酮绕水翼空化流动过程中涉及流动分离和脱落等复杂现象, 分析空化流动过程中的旋涡特性可更加深入地理解非定常空化流动演化机理, $Q$ 准则和涡量输运方程是研究空化流场旋涡的重要方法, 下面主要从以 $Q$ 准则为依据的旋涡结构和以涡量输运方程表征涡动力过程两方面进行非定常空化旋涡特性分析。

### 6.4.1 氟化酮非定常空化流动旋涡结构特性分析

图 6.17 给出了水翼周围气相体积分数为 $\alpha_v=0.1$ 空泡等值面上的涡量分布云图, 其中涡量 $\omega$ 的定义为

$$\omega_k=\frac{\partial u_i}{\partial x_j}-\frac{\partial u_j}{\partial x_i} \tag{6.3}$$

式中, $u_i$, $u_j$ 分别为 $x$ 方向和 $y$ 方向的速度分量。从涡量表达式可知, 涡量的大小与速度的梯度密切相关。

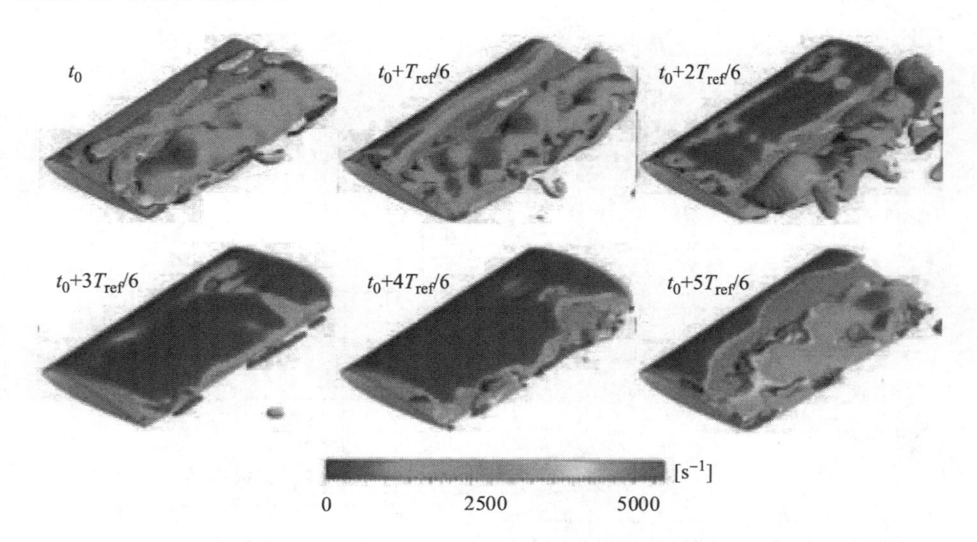


图 6.17 空化流动不同瞬时时刻涡量分布云图 (彩图见封底二维码)

在 $t_0$ 时刻, 空化上个周期空泡团脱落, 下个周期肩部附着空泡初生时刻, 在空

泡闭合位置出现高涡量聚集区, 在空泡表面其他区域涡量值较小, 这表明在空泡闭合的气液交界面区域流动剧烈, 存在大量高强度的旋涡; 在 $t_0+2T_{\text{ref}}/6$ 时刻, 附着空泡覆盖水翼大部分区域, 水翼尾缘空泡团已向下游发展, 此时附着空泡表面流动以指向流场下游为主, 因此表面涡量值较小, 而逐渐脱离水翼表面的尾部空泡团由于旋转效应减弱, 其表面涡量值也随之减小; 在 $t_0+4T_{\text{ref}}/6$ 时刻, 水翼表面附着空泡面积达到最大值, 此时附着空泡处于发展–脱落转折点, 流场旋转效应较弱, 空泡壁面速度梯度值很小, 因此大部分涡量值很小; 在 $t_0+5T_{\text{ref}}/6$ 时刻, 由瞬时涡量云图可清晰看出, 高涡量的分布区域主要分为两部分, 一部分是位于水翼尾缘附近呈零散状的高涡量区域, 另一部分是位于附着空泡闭合位置的带状高涡量区域。可见, 在一个周期内, 流场中涡量分布特性表现出明显的非定常性, 且高涡量值分布和低涡量值分布区域大小呈交替变化。

为更清晰地反映空化流场内的旋涡特性, 引入由 Haller [3] 提出的用于描述旋涡结构的 $Q$ 准则, 其表达式为

$$Q=\frac{1}{2}(\varOmega^2-S^2) \tag{6.4}$$

式中, $Q$ 为基于伽利略变换的速度梯度张量第二不变量; $\varOmega$ 为涡量的绝对值, $\varOmega=|\omega_k|$; $S$ 为剪切应变率, $S=S_{ij}$, $S_{ij}$ 的表达式为

$$S_{ij}=\frac{1}{2}\left(\frac{\partial u_i}{\partial x_j}+\frac{\partial u_j}{\partial x_i}\right) \tag{6.5}$$

从方程 (6.4) 可以看出, $Q$ 是涡量平方与剪切应变率平方的差值, 当 $Q>0$ 时, 表示旋转率大于形变率, 此时旋转效应占主导地位; 当 $Q<0$ 时, 表示剪切率大于形变率, 此时剪切效应占主导地位。由于 $Q$ 具有伽利略不变性, 在近壁面取值为零, 因此有效避免了在近壁面区域对旋涡结构的过度预测, 可以形象描述水翼空化流场非定常流动旋涡特性。

图 6.18 给出了气相体积分数 $\alpha_v=0.1$ 空泡等值面上的 $Q$ 分布云图。在水翼附着空泡发展初始阶段 ($t_0\sim t_0+2T_{\text{ref}}/6$), 水翼表面脱落空泡区域 $Q$ 值基本都大于零, 尤其在空泡闭合位置 $Q$ 值最大, 表明在空泡脱落区域以旋转效应为主。当水翼表面附着空泡发展到尾缘阶段 ($t_0+2T_{\text{ref}}/6\sim t_0+4T_{\text{ref}}/6$), 较高 $Q$ 值区域伴随着水翼下游空泡脱落逐渐减少, 这个过程中附着空泡尾部闭合位置 $Q$ 值小于零, 剪切效应开始凸显。这说明, 在附着空泡发展和尾部空泡团脱落的过程中, $Q$ 值正负区域交错出现, 旋转效应和剪切效应共同支配着流动。在 $t_0+5T_{\text{ref}}/6$ 时刻, 水翼尾部空泡 $Q$ 分布变得复杂, 脱落空泡表面以旋转为主导和剪切为主导的区域同时存在, 空化流场内表现出了非常强烈的非定常特性。可见, 在氟化酮绕水翼空化流动过程中, 旋转效应和剪切效应共同支配着空泡的发展、断裂以及脱落运动。

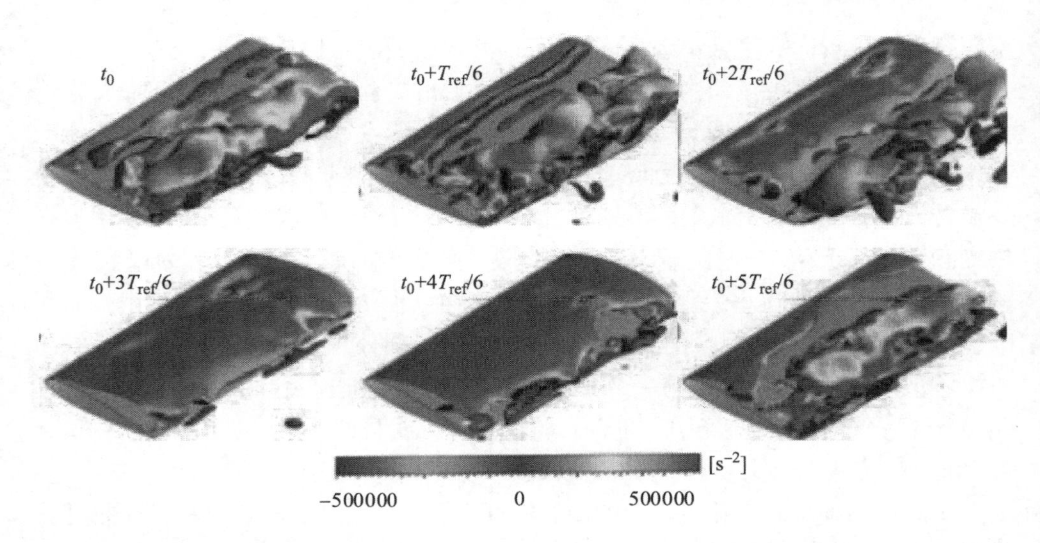


图 6.18　空化流动不同瞬时时刻 $Q$ 分布云图 (彩图见封底二维码)

### 6.4.2　氟化酮非定常空化流动涡动力特性分析

为进一步分析氟化酮绕水翼空化流动流场空泡发展与涡量分布的关系, 引入涡量输运方程 [4]:

$$\frac{\mathrm{D}\boldsymbol{\omega}}{\mathrm{D}t}=(\boldsymbol{\omega}\cdot\boldsymbol{\nabla})\boldsymbol{U}-\boldsymbol{\omega}(\boldsymbol{\nabla}\cdot\boldsymbol{U})+\frac{\boldsymbol{\nabla}\rho_{\rm m}\times\boldsymbol{\nabla}p}{\rho_{\rm m}^2}+(\nu_{\rm m}+\nu_{\rm t})\boldsymbol{\nabla}^2\boldsymbol{\omega} \tag{6.6}$$

在方程 (6.6) 中, 等号右侧第一项 $(\boldsymbol{\omega}\cdot\boldsymbol{\nabla})\boldsymbol{U}$ 表示由速度梯度引起的涡线弯曲和伸缩, 表现为涡量的方向和大小都发生变化; 第二项 $\boldsymbol{\omega}(\boldsymbol{\nabla}\cdot\boldsymbol{U})$ 表示流体微团的体积变化引起的涡量变化; 第三项 $(\boldsymbol{\nabla}\rho_{\rm m}\times\boldsymbol{\nabla}p)/\rho_{\rm m}^2$ 表示由密度梯度和压力梯度引起的斜压矩对涡量的作用效果; 第四项 $(\nu_{\rm m}+\nu_{\rm t})\boldsymbol{\nabla}^2\boldsymbol{\omega}$ 表示由黏性耗散效应引起的涡量变化。

图 6.19 给出了氟化酮绕水翼非定常空化流动一个周期内不同瞬时时刻涡量输运方程中的各项分布情况。从图 6.19 中第一项 $(\boldsymbol{\omega}\cdot\boldsymbol{\nabla})\boldsymbol{U}$ 分布可以看出, $(\boldsymbol{\omega}\cdot\boldsymbol{\nabla})\boldsymbol{U}$ 的发展和分布具有明显的非定常特性。在 $t_0$ 时刻, 在水翼下游空泡脱落区域流体速度梯度变化大, 流动方向复杂多变, 导致此区域 $(\boldsymbol{\omega}\cdot\boldsymbol{\nabla})\boldsymbol{U}$ 值分布范围广泛, 且分布结构复杂。从 $t_0+T_{\rm ref}/6\sim t_0+3T_{\rm ref}/6$ 时刻变化时, 水翼表面附着型空泡不断发展, 但是由于附着空泡气液交界面流动方向较为均一, 流动速度梯度很小, 所以附着空泡气液交界面区域 $(\boldsymbol{\omega}\cdot\boldsymbol{\nabla})\boldsymbol{U}$ 值接近零。与此同时随着水翼下游空泡脱落, $(\boldsymbol{\omega}\cdot\boldsymbol{\nabla})\boldsymbol{U}$ 分布区域减小, 但是该区域由于速度梯度较高, 所以由速度梯度引起的涡线弯曲和伸缩明显。从 $t_0+4T_{\rm ref}/6\sim t_0+5T_{\rm ref}/6$ 时刻变化时, 水翼表面附着型空泡形成回射流, 同时空泡发生断裂和脱落, 所以在空泡闭合和脱落区域速度梯

度分布较为复杂, 导致该区域内 $(\boldsymbol{\omega}\cdot\boldsymbol{\nabla})\boldsymbol{U}$ 项值变化范围较大。

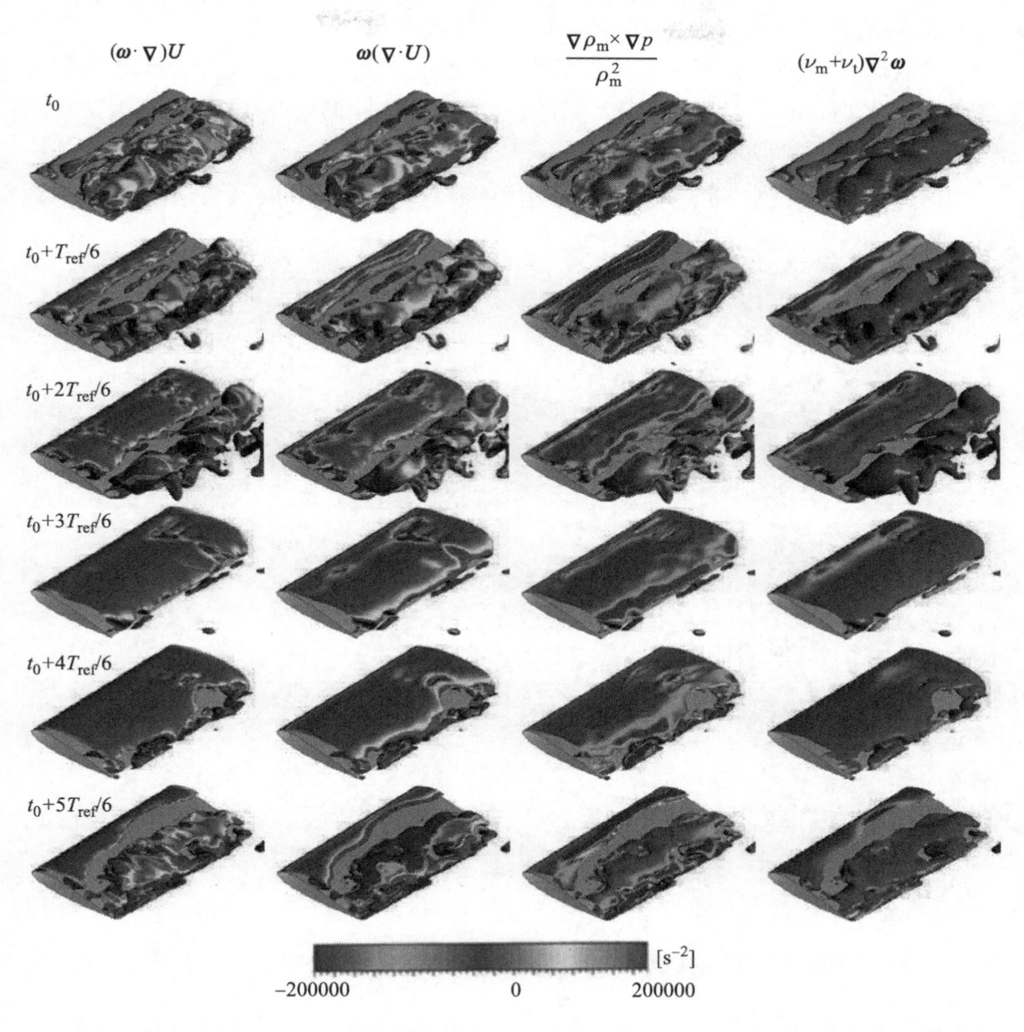


图 6.19 不同空化流动瞬时时刻涡量输运方程中的各项分布情况 (彩图见封底二维码)

图 6.19 中第二项 $\boldsymbol{\omega}(\boldsymbol{\nabla}\cdot\boldsymbol{U})$ 整体变化趋势与第一项 $(\boldsymbol{\omega}\cdot\boldsymbol{\nabla})\boldsymbol{U}$ 变化基本一致, 流场空泡闭合和脱落区域, 由于气液两相之间不断发生质量转化, 气液之间相互作用强烈, 从而导致涡量值分布范围广, 涡量变化剧烈。对于第三项 $(\boldsymbol{\nabla}\rho_{\mathrm{m}}\times\boldsymbol{\nabla}p)/\rho_{\mathrm{m}}^2$, 从图中可以看出空化大部分区域 $(\boldsymbol{\nabla}\rho_{\mathrm{m}}\times\boldsymbol{\nabla}p)/\rho_{\mathrm{m}}^2$ 分布值都小于零, 虽然在附着空泡闭合位置和脱落空泡区域出现数值较大区域, 但是分布范围很小。这是由于空化流场内气液不断变化, 在空泡闭合位置和尾部脱落区域存在旋涡, 同时空化区域内部流场结构处于不平衡状态, 流体的斜压性加强, 从而导致空化流场内压力梯度方向与密度方向不一致。在热力学效应下空化流场气化压力随当地温度发生改变,

空化的发生也会引起气液两相密度参数变化, 所以 $(\boldsymbol{\nabla}\rho_{\mathrm{m}}\times\boldsymbol{\nabla}p)/\rho_{\mathrm{m}}^2$ 的分布具有强烈的非定常性。第四项 $(\nu_{\mathrm{m}}+\nu_{\mathrm{t}})\boldsymbol{\nabla}^2\boldsymbol{\omega}$ 绝对值范围明显小于其他三项, $(\nu_{\mathrm{m}}+\nu_{\mathrm{t}})\boldsymbol{\nabla}^2\boldsymbol{\omega}$ 绝对值较大位置基本分布在水翼肩部附着空泡回射闭合位置, 这是由于水翼肩部是流场空化核心区, 当地温降较大, 气液两相介质属性发生变化, 同时气液两相间作用剧烈, 涡量黏性耗散明显。

为深入分析空泡内部涡量输运方程中的各项分布, 图 6.20 给出了计算域中截面空化流场内各涡量分项瞬时二维分布云图。

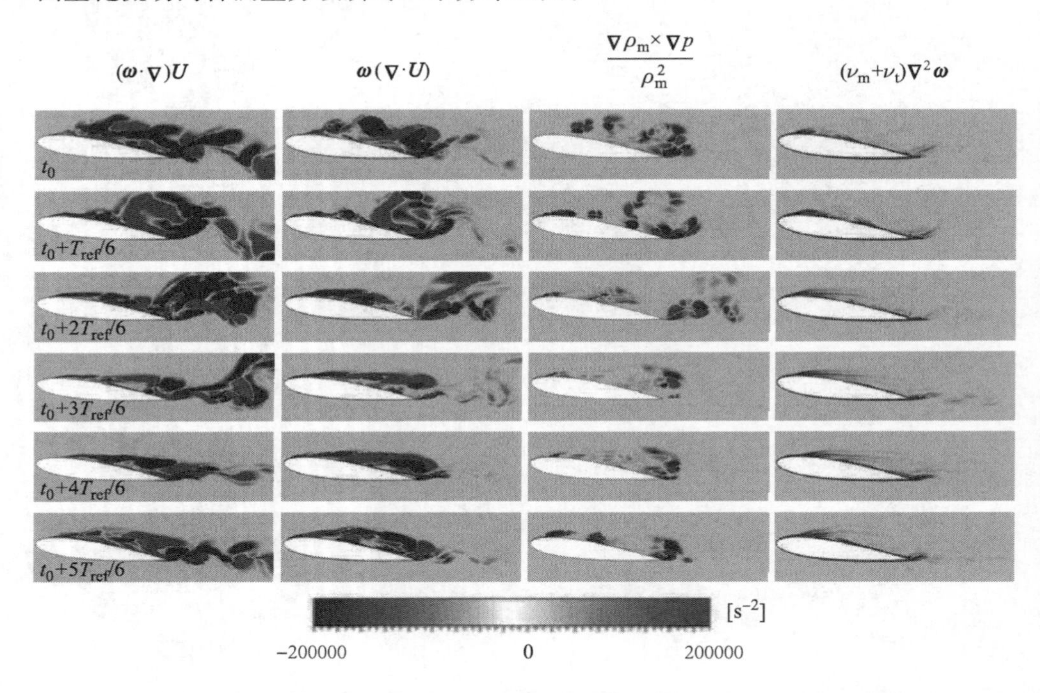


图 6.20 计算域中截面空化流场内各涡量分项瞬时二维分布云图 (彩图见封底二维码)

图 6.20 中对于第一项 $(\boldsymbol{\omega}\cdot\boldsymbol{\nabla})\boldsymbol{U}$, 时间从 $t_0\sim t_0+2T_{\mathrm{ref}}/6$ 变化时, 负涡量和正涡量大范围地分布在空泡内部, 在水翼尾缘区域主要以涡团的形式分布, 随着附着空泡的发展, 在水翼壁面附近涡量聚集区呈带状分布; 当从 $t_0+3T_{\mathrm{ref}}/6\sim t_0+5T_{\mathrm{ref}}/6$ 变化时, 由于下游空泡的断裂和回射流的形成, 在水翼壁面附近负涡量和正涡量区域交替出现, 表现出强烈的非定常特性。对于第二项 $\boldsymbol{\omega}(\boldsymbol{\nabla}\cdot\boldsymbol{U})$ 在 $t_0\sim t_0+2T_{\mathrm{ref}}/6$ 变化时, 在水翼尾部空泡团内, 正涡量主要分布在空泡团的前面区域; 在 $t_0+3T_{\mathrm{ref}}/6\sim t_0+5T_{\mathrm{ref}}/6$ 变化时, 由于回射流的形成, 沿水翼表面吸力面向上游发展, 并与来流相互作用, 从而使水翼表面速度梯度变化较大, 在此时间段内正涡量的高值区也逐渐向水翼前缘运动。对于第三项 $(\boldsymbol{\nabla}\rho_{\mathrm{m}}\times\boldsymbol{\nabla}p)/\rho_{\mathrm{m}}^2$, 在整个周期内负涡量和正涡量较大值区域主要集中在水翼前缘和尾部空泡团内, 但是

分布区域较小，这两个区域也是气液相互作用剧烈以及压力变化明显的区域。第四项 $(\nu_{\mathrm{m}}+\nu_{\mathrm{t}})\nabla^2\boldsymbol{\omega}$ 主要分布在水翼壁面附近，起始于水翼前缘的 $(\nu_{\mathrm{m}}+\nu_{\mathrm{t}})\nabla^2\boldsymbol{\omega}$ 主要以线形方式随主流方向向下游发展，水翼尾缘附近的 $(\nu_{\mathrm{m}}+\nu_{\mathrm{t}})\nabla^2\boldsymbol{\omega}$ 主要以脉动形式的尾迹向下游运动。

## 6.5 小结

基于标准 $k$-$\varepsilon$ 湍流模型发展的 PANS 模型对空化流场的预测与控制参数 $f_k$ 相关。当 $f_k$ 从 1.0 减小至 0.3 过程中，PANS 模型通过减小对空泡尾部的湍流黏度的预测以及改善对空化流场旋涡的捕捉，从而可以有效地描述空化流场中非定常流动细节，提高计算预测精度。当 $f_k=0.4$ 时，数值计算预测的水翼表面空泡演变规律和压力变化与试验结果吻合较好。氟化酮绕水翼非定常空化流动流场呈周期性演变。空化流场气相体积含量和水翼表面附着空泡接触面积呈周期性变化，但是不同周期内各自的最大值和最小值不完全一致，水翼吸力面和压力面动态压力呈周期性脉动变化。空化流场内气相含量变化特性和压力变化特性与水翼周围空泡生成、发展、断裂和脱落演变过程密切相关。水翼表面反向射流影响着流场空泡断裂和脱落特性。空泡脱落过程瞬时流场速度矢量沿水翼跨度方向呈现不对称分布，在水翼跨度中间位置回射流以平行于来流方向为主，两侧区域速度矢量分别以顺时针和逆时针向水翼前缘发展，且三种反射流推进速度不同步，从而导致水翼表面空泡呈现不规则的断裂和脱落方式，表现出明显的三维特征。水翼表面空泡形态演变特性与流场中旋涡运动规律密切相关。在气液转换强度剧烈的空泡闭合位置和尾缘附近空泡团脱落区域，旋涡结构和运动表现出明显的非定常特性。在一个周期内空泡演变过程中高涡量值分布和低涡量值分布区域大小呈周期性交替变化，旋涡中旋转效应和剪切效应共同支配着空泡的发展、断裂以及脱落运动。在涡量输运方程中，速度梯度、流体微团体积以及斜压矩因素对涡量分布的影响程度要强于黏性耗散效应。

## 参考文献

[1] Kelly S, Segal C. Experiments in thermosensitive cavitation of a cryogenic rocket propellant surrogate [C]. 50th AIAA Aerospace Sciences Meeting including the New Horizons Forum and Aerospace Exposition, 2012: 1283.

[2] Coutier-Delgosha O, Reboud J, Delannoy Y. Numerical simulation of the unsteady behaviour of cavitating flows [J]. International Journal for Numerical Methods in Fluids, 2003, 42(5): 527-548.

[3] Haller G. An objective definition of a vortex [J]. Journal of Fluid Mechanics, 2005, 525: 1-26.
[4] Gopalan S, Katz J. Flow structure and modeling issues in the closure region of attached cavitation [J]. Physics of Fluids, 2000, 12(4): 895-911.

# 第 7 章　不同流体介质非定常空化三维流动特性

在前面章节所述数值计算方法基础之上, 本章通过氟化酮、液氢以及液氮三种不同热力学敏感流体绕水翼非定常空化流动为例, 描述了空化数和温度对热力学效应下空化流场和流体动力学特性的影响, 对比了三种流体介质绕水翼空化流动空泡演变、升阻力以及温度场变化特性, 并说明了水翼周围空化流场旋涡结构、温度梯度、升阻力特性与空泡演变特性之间的关系。

## 7.1　氟化酮绕水翼非定常空化流动特性分析

为讨论不同条件下热力学敏感流体非定常空化流动特性, 分别开展了不同温度、空化数以及速度条件下的数值计算研究, 计算几何模型为攻角 7.5° 的 NACA0015 水翼, 计算工况如表 7.1 所示。计算过程中监测水翼表面压力、温度, 流场中空泡体积、水翼表面附着空泡面积、升力系数和阻力系数等数据对结果进行分析。

**表 7.1**　氟化酮绕水翼非定常空化流动数值计算工况

| 工况 | 介质 | $T_\infty$/℃ | $U_\infty$/(m/s) | $\sigma_\infty$ | 工况 | 介质 | $T_\infty$/℃ | $U_\infty$/(m/s) | $\sigma_\infty$ |
|---|---|---|---|---|---|---|---|---|---|
| F01 | 氟化酮 | 25 | 7.50 | 0.7 | F09 | 氟化酮 | 30 | 5.50 | 1.3 |
| F02 | 氟化酮 | 25 | 6.61 | 0.9 | F10 | 氟化酮 | 30 | 5.12 | 1.5 |
| F03 | 氟化酮 | 25 | 5.98 | 1.1 | F11 | 氟化酮 | 35 | 7.50 | 0.7 |
| F04 | 氟化酮 | 25 | 5.50 | 1.3 | F12 | 氟化酮 | 35 | 6.61 | 0.9 |
| F05 | 氟化酮 | 25 | 5.12 | 1.5 | F13 | 氟化酮 | 35 | 5.98 | 1.1 |
| F06 | 氟化酮 | 30 | 7.50 | 0.7 | F14 | 氟化酮 | 35 | 5.50 | 1.3 |
| F07 | 氟化酮 | 30 | 6.61 | 0.9 | F15 | 氟化酮 | 35 | 5.12 | 1.5 |
| F08 | 氟化酮 | 30 | 5.98 | 1.1 | | | | | |

### 7.1.1　非定常空化流动空泡演变特性

为对比不同空化数条件下非定常空化流动特性, 图 7.1 给出了 25℃ 下空化数为 $0.7 \sim 1.5$ 时一个典型周期内空泡演变特性对比。从图 7.1 中可以看出不同空化数下流场中空泡演变均经历了生成、发展、断裂以及脱落等过程的周期性变化。在 $t_0 + T_{\rm ref}/6$ 时刻, 水翼前沿形成附着型的空泡, 与此同时, 尾部区域空泡团脱落并向下游发展。在 $t_0 + 3T_{\rm ref}/6$ 时刻, 附着空泡覆盖水翼表面区域程度达到最大, 此时尾部空泡团几乎全部脱落。在 $t_0 + 4T_{\rm ref}/6 \sim t_0 + 5T_{\rm ref}/6$ 时间内, 附着空泡开始发生断裂, 空泡脱落开始形成, 并随着时间的推移, 在回射流的作用下附着空泡面积逐渐减小, 脱落的空泡团随主流向下游运动。不同空化数下, 随着空化数增加, 空化强度呈减小趋势变化, 当空化数为 1.5 时, 水翼表面附着空泡面积较 $\sigma_\infty = 0.7$ 时明显减小。在高空化数下, 水翼表面附着空泡尾部和脱落空泡团的非定常性减弱, 不同空化数下水翼表面沿主流和跨度方向空泡演变特性的差异, 实际上是气液两相交换过程的直接体现, 所以随着空化数的增加, 氟化酮气液两相之间转换的强度减小, 空化非定常性减弱。

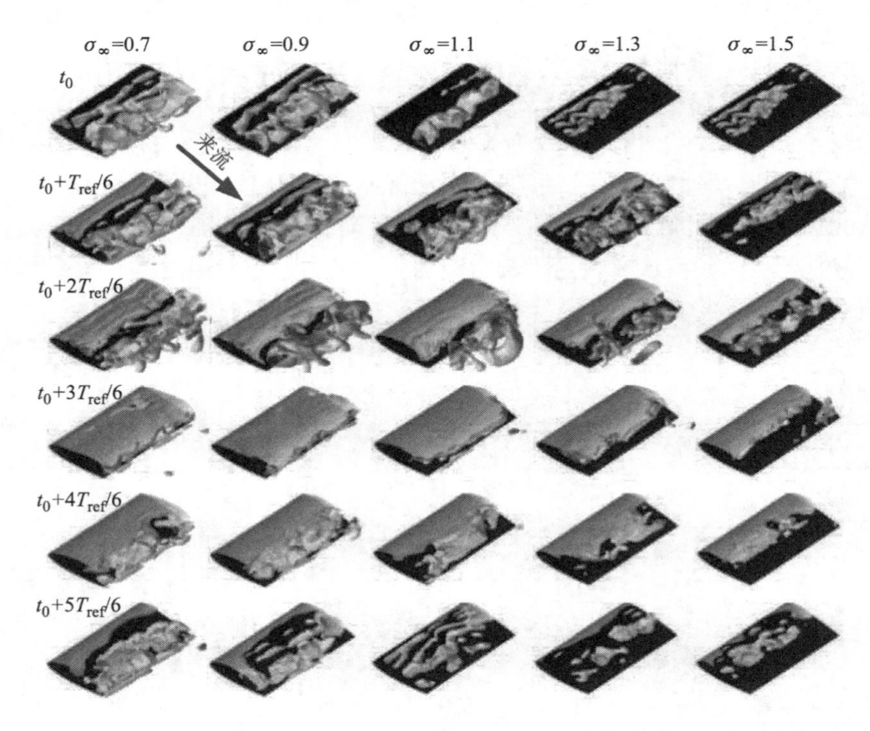


图 7.1　不同空化数下典型周期内空泡演变特性对比 (25℃)

为深入探讨空化数和温度对流场空化程度的影响, 选取水翼表面附着空泡面积作为衡量空化区域三维空泡体积的特征参量。图 7.2 给出了 25℃, 30℃ 以及 35℃ 三种不同温度下水翼表面附着空泡面积的变化, 同时在 25℃ 时对比了五种空化数无量纲附着空泡面积随时间的变化规律。为便于对比和分析, 这里给出三个周期内流场参数的变化情况。从图 7.2(a) 中可以看出, 当空化数较大 ($\sigma_\infty = 1.3$

和 $\sigma_\infty = 1.5$) 时, 每个周期内附着空泡无量纲空泡面积最小值接近 0, 这表明在大空化数下附着空泡脱落较完整。当空化数从 0.7 ~ 1.1 变化时, 附着空泡面积最小值大于 0, 一方面是由于在小空化数条件下, 水翼前缘已经形成小区域的持续空化, 另一方面是由于脱落空泡团在小空化数下与水翼表面有一定的接触区域。从图中还可以看出, 当空化数从 0.7 ~ 0.9 变化时, 最大和最小附着空泡面积值差值不明显; 当空化数从 1.1 ~ 1.3 变化时, 无量纲附着空泡面积最大值呈明显的减小趋势, 空化强度变化迅速。

图 7.2(b) 给出了温度从 25 ~ 35℃ 变化时, 水翼表面附着空泡无量纲面积变化和对比, 从图中可以看出不同温度下曲线变化趋势一致, 都呈周期性变化, 并且随着温度的增加, 附着空泡最大值呈减小趋势变化, 这说明随着温度的升高, 空化强度呈减弱趋势变化。由图 1.2 可知, 对于氟化酮这种热力学敏感流体介质, 当温度较高时, 空化热力学效应明显。所以当流体介质温度从 25 ~ 35℃ 变化时, 空化抑制效应增强, 水翼表面附着空泡面积随着温度的增加呈减小趋势变化。

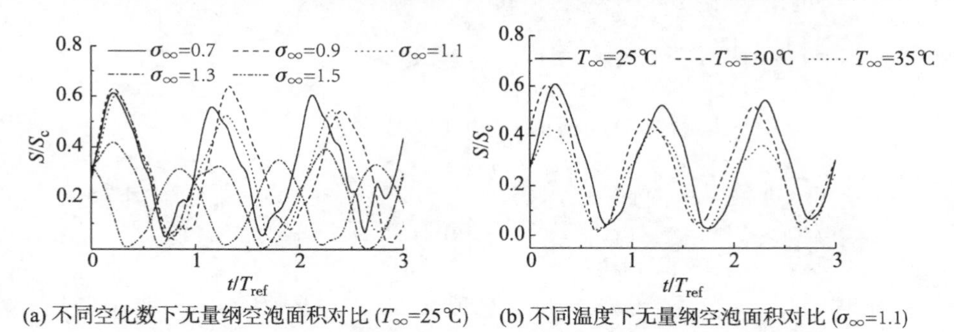


(a) 不同空化数下无量纲空泡面积对比 ($T_\infty$=25℃)　(b) 不同温度下无量纲空泡面积对比 ($\sigma_\infty$=1.1)

图 7.2　不同空化数和温度下水翼表面附着空泡无量纲面积对比

### 7.1.2 非定常空化流动温度场特性

为探究非定常流场温度变化特性。首先, 图 7.3 给出了 25℃, 30℃ 以及 35℃ 条件下水翼吸力面温度在一个周期内的变化。从图 7.3 可以看出, 在一个空泡演变周期内, 温度沿主流方向表现出明显的非定常分布特性, 且沿水翼表面跨度方向分布也表现出明显的非定常特性。在 $t_0$ 时刻, 水翼表面高温区域主要集中在翼型前缘位置, 这是由于此时水翼表面主要发生由气相向液相转换的凝结相变过程, 并释放出热量, 引起当地温度升高; 在 $t_0 + T_{\rm ref}/7 \sim t_0 + 3T_{\rm ref}/7$ 时间段内, 随着附着空泡和下游脱落空泡团的发展, 水翼表面温度分布也随之变化, 水翼表面低温区域增大, 高温分布范围减小, 在附着空化核心区和下游脱落空泡团核心区内温度小于远场环境温度。

在接近空化强度最大的 $t_0 + 4T_{\rm ref}/7$ 时刻, 附着空泡内的低温区域在水翼表面

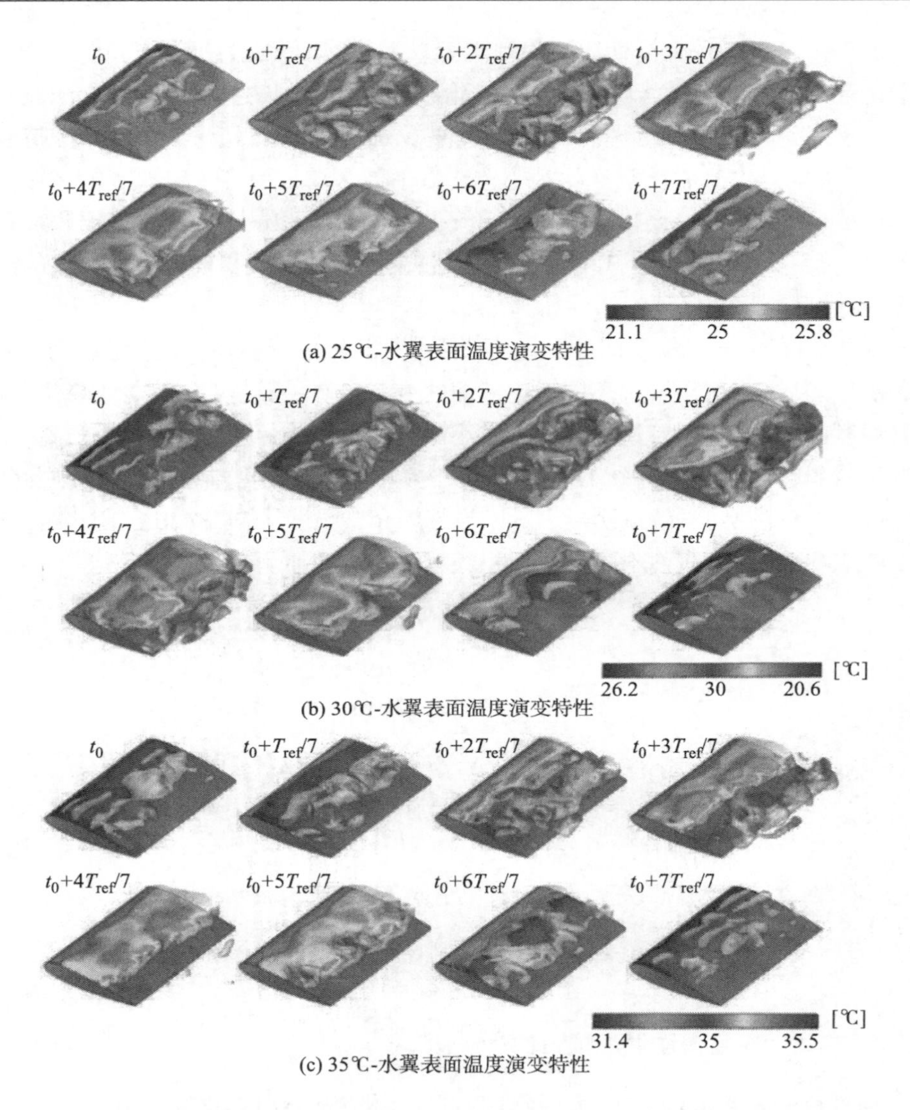


(a) 25℃-水翼表面温度演变特性



(b) 30℃-水翼表面温度演变特性



(c) 35℃-水翼表面温度演变特性

图 7.3　不同温度下水翼吸力面温度演变特性对比 ($\sigma_\infty = 1.3$) (彩图见封底二维码)

分布广泛, 高温区域主要集中在空泡闭合位置。当时间从 $t_0 + 4T_{\rm ref}/7 \sim t_0 + 7T_{\rm ref}7$ 时刻变化时, 水翼表面的低温区域随着空泡的断裂和脱落逐渐减小, 但是水翼前缘附近的空化核心区内低温分布区域特性变化不明显, 水翼表面高温区随着空化程度的减弱向水翼上游移动。可见, 水翼表面温度场分布与流场空泡演变特性密切相关。同时从图中温度范围可知, 在一个典型周期内, $T_\infty = 25$°C 时最大温降为 3.9°C, $T_\infty = 30$°C 时最大温降为 3.8°C, $T_\infty = 35$°C 时最大温降为 3.6°C, 随着温度的升高, 空化区域最大温降呈减小趋势变化, 但差别较小。

为更深入地分析流场中当地温度分布与空化之间的关系, 图 7.4 给出了 $T_\infty =$ 25°C 时空化流场中截面瞬时温度分布特性。从图中可以看出, 在空化流场的不同区域, 流场温度分布特性不同。在附着空泡和尾部空泡脱落团内温度小于远场环境温度, 这是因为空化过程气化吸热引起当地流场发生温降。在附着空泡内, 瞬态温度最小值 (21.85°C) 出现在附着空泡下游区域, 这是由于起始于水翼肩部的空泡, 随着时间的推移向下游运动, 并在空泡发展过程中空化程度继续增强, 从而吸收更多的热量, 引起当地温度降低。从图中也可以看出, 在附着空泡尾部和下游脱落空泡团的外围区域温度大于远场环境温度, 在附着空泡尾部闭合区域发生由气相向液相转换的凝结过程, 凝结过程中释放热量, 引起当地温度升高; 水翼尾部的空泡团在向下游运动的过程中, 蒸发现象逐渐消失, 凝结过程持续发生并且占主导地位, 凝结过程释放热量, 引起当地温度升高。

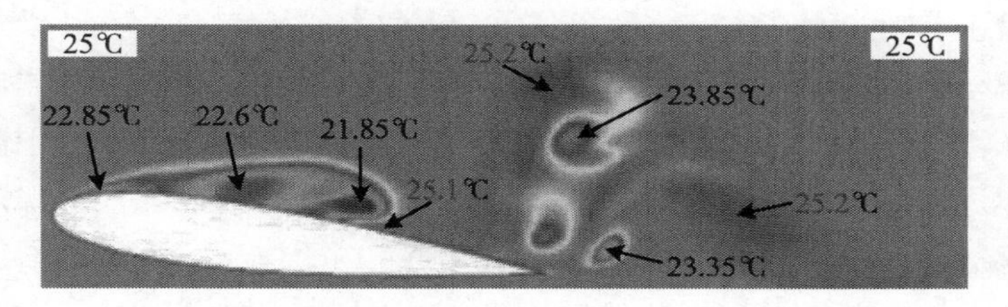


图 7.4 25°C 时空化流场中截面瞬时温度分布特性 (彩图见封底二维码)

为更全面地描述水翼表面温度场分布与空泡形态之间的关系, 图 7.5 给出了 25°C 时水翼吸力面瞬时温度分布和空泡形态。从图中可以看出, 水翼表面温度沿主流方向和跨度方向均表现出明显的不均匀性, 且温度场的分布与空化区域密切相关, 在水翼表面形态稳定的附着空泡内, 低温度区沿跨度方向呈带状分布。由前面分析空泡内部流动特性可知, 附着空泡内发生回射流现象, 并与来流相互作用,

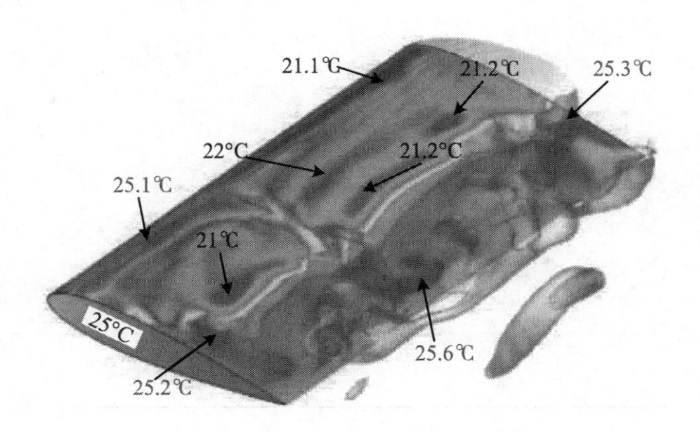


图 7.5 25°C 时水翼吸力面瞬时温度分布和空泡形态 (彩图见封底二维码)

引起当地空化强度不一, 从而导致附着空泡内低温度区沿主流方向呈交替分布。对于高温区, 在附着空泡内主要集中在空泡闭合位置和回射流末端, 图中 25.1℃ 出现在水翼前缘, 其附近的高温区沿跨度方向呈带状分布。同时下游脱落团空泡与壁面接触的位置也是高温区, 这部分区域由气相向液相转换的凝结过程占主导地位, 且凝结过程释放热量, 可见, 水翼表面温度分布特征与空泡形态和演变规律密切相关。

图 7.6 给出了不同温度和空化数条件下水翼前缘附近空化核心区内监测点温降变化。从图中可以看出, 在同一温度下不同空化数监测点的温降曲线呈周期性变化。当空化数为 0.7 和 0.9 时, 温降曲线周期性较为明显, 这是由于在小空化数下空化程度较高, 在水翼周围形成明显的周期性演变空泡。当空化数为 1.1, 1.3 和 1.5 时, 三种温度下温度曲线波动较为明显, 但也呈现出周期性变化规律, 温度曲线波动明显主要是由于在大空化数条件下, 附着空泡覆盖水翼表面区域较小, 空化流场回射流动对水翼前缘空化核心区域作用强烈。在温降曲线变化的一个周期内, 当温降值从 0 附近降低到最大值过程中曲线变化较为缓慢, 这是由于监测点位于水翼前缘附近的空化核心区, 该位置被附着空泡覆盖时间较长; 当温降从最大值到 0 变化时, 温降曲线变化较为迅速, 这是由于在一个周期内, 附着空泡尾部闭合位置到达监测点位置较晚, 但是空泡尾部回射流经过监测点时间较短, 这更进一步说

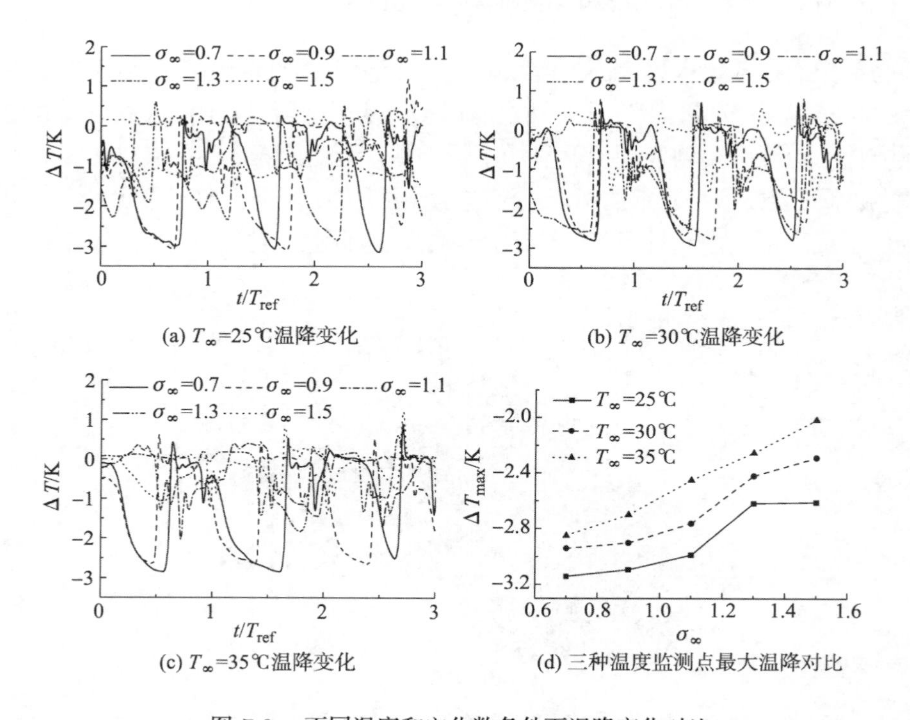


(a) $T_\infty$=25℃温降变化　(b) $T_\infty$=30℃温降变化

(c) $T_\infty$=35℃温降变化　(d) 三种温度监测点最大温降对比

图 7.6　不同温度和空化数条件下温降变化对比

明了流场温度变化与空泡形态演变规律密切相关。

图 7.6(d) 中对比了三种温度不同空化下水翼前缘附近空化核心区内最大温降变化。从图中数据可得, $T_\infty = 25$℃, $\sigma_\infty = 0.7$ 时, 最大温降值为 3.15℃, $\sigma_\infty = 1.5$ 时最大温降为 2.61℃; $T_\infty = 30$℃, $\sigma_\infty = 0.7$ 时, 最大温降值为 2.94℃; $\sigma_\infty = 1.5$ 时最大温降为 2.29℃; $T_\infty = 35$℃, $\sigma_\infty = 0.7$ 时, 最大温降值为 2.85℃; $\sigma_\infty = 1.5$ 时最大温降为 2.02℃。可见, 同一温度下随着空化数的增加, 最大温降呈减小趋势变化; 同一空化数下随着温度的升高, 最大温降值减小。这是由于随着空化数的增加, 空化强度减弱, 由气化潜热引起的温降减小; 根据氟化酮介质物理属性可知, 在较高温度下气化压力变化较快, 所以在相同空化数条件下发生空化引起的温降值较小; 同时结合图 1.2 氟化酮热力学特性可知, 在较高温度下氟化酮空化热力学效应明显, 从而抑制空化发生的效果增强, 所以在高温下温降值较小。

### 7.1.3 非定常空化流动流体动力特性

针对氟化酮绕水翼的流体动力学问题, 本小节主要以升力系数和阻力系数作为分析对象, 讨论不同温度下非定常空化脉动特性。图 7.7 ~ 图 7.9 给出了 $T_\infty =$ 25℃, $T_\infty = 30$℃ 和 $T_\infty = 35$℃, 空化数为 0.7, 0.9, 1.1, 1.3 和 1.5 时, 三个周期

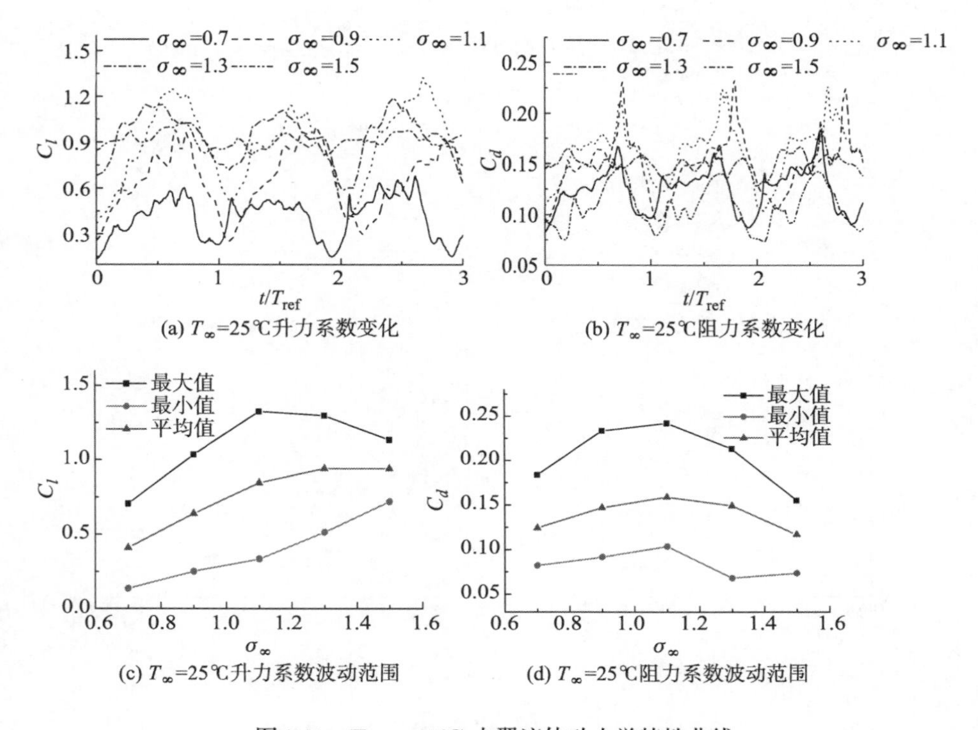

(a) $T_\infty$=25℃升力系数变化 (b) $T_\infty$=25℃阻力系数变化

(c) $T_\infty$=25℃升力系数波动范围 (d) $T_\infty$=25℃阻力系数波动范围

图 7.7 $T_\infty = 25$℃ 水翼流体动力学特性曲线

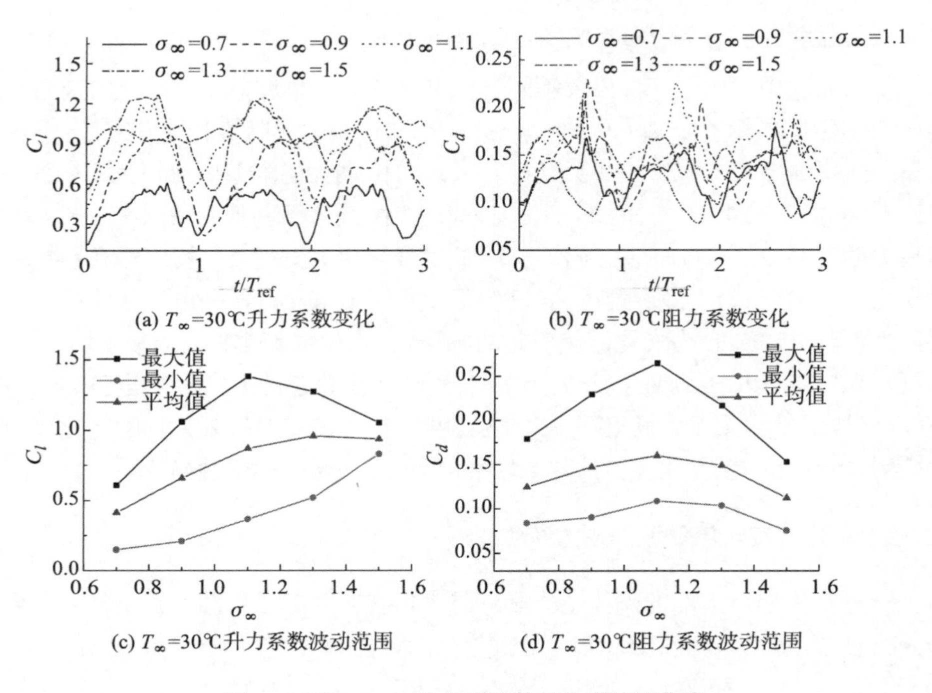


(a) $T_\infty$=30℃升力系数变化　(b) $T_\infty$=30℃阻力系数变化

(c) $T_\infty$=30℃升力系数波动范围　(d) $T_\infty$=30℃阻力系数波动范围

图 7.8　$T_\infty = 30℃$ 水翼流体动力学特性曲线

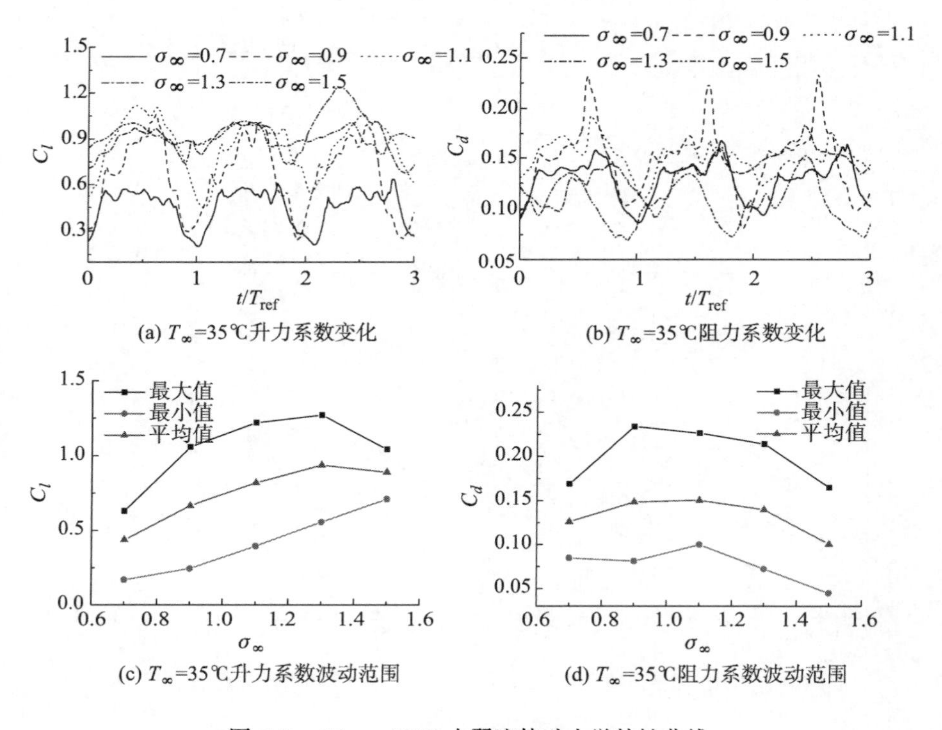


(a) $T_\infty$=35℃升力系数变化　(b) $T_\infty$=35℃阻力系数变化

(c) $T_\infty$=35℃升力系数波动范围　(d) $T_\infty$=35℃阻力系数波动范围

图 7.9　$T_\infty = 35℃$ 水翼流体动力学特性曲线

内升力系数、阻力系数随时间变化曲线, 以及变化过程中升、阻力系数最大值、最小值、平均值对比。从图 7.7 ~ 图 7.9 中可以看出, 三种温度下升力系数和阻力系数随无量纲时间都以波动形式周期性变化, 当空化数为 0.7 和 1.5 时升力系数和阻力系数波动范围较小; 从变化曲线可以得出, 在一个周期内升力系数和阻力系数的峰值位置都主要集中在 $0.6T_{\rm ref} \sim 0.7T_{\rm ref}$ 区间, 从 6.4 节分析可知升力系数和阻力系数峰值出现在半周期以后的主要原因是水翼表面压力分布与附着空泡和尾部脱落团存在密切联系。从图 7.7(c)、图 7.8(c)、图 7.9(c) 可以看出, 不同温度下升力系数变化规律基本一致, 不同温度下随着空化数的增加, 最大升力系数先增大再降低, 最小升力系数随空化数的增加呈增长趋势, 平均升力系数在空化数从 0.7~1.3 变化时呈增大趋势变化, 空化数为 1.3 和 1.5 时平均升力系数基本一致; 从图 7.7(d)、图 7.8(d)、图 7.9(d) 可以得出, 三种温度下阻力系数随空化数变化规律一致, 同一温度下随着空化数的增加, 最大阻力系数、最小阻力系数以及平均阻力系数都随着空化数的增加基本呈现先增大后减小的趋势变化。由 6.4 节分析可知升力系数和阻力系数变化与空化流场空泡特性相关, 图 7.1 给出的不同空化数下空泡演变规律表明, 空化数从 1.1 ~ 1.3 变化时水翼表面附着空泡覆盖区域减小, 尾部空泡脱落团变小, 从而引起升力系数和阻力系数变化趋势发生改变。

图 7.10 给出了三种温度下平均升力系数和平均阻力系数变化对比。从图中可知, 三种温度下平均升阻力系数变化规律一致, 在小空化数 ($\sigma_\infty = 0.7, \sigma_\infty = 0.9$) 条件下升阻力差别较小, 这是由于空化数从 0.7 ~ 0.9 变化时, 不同温度下空化流场没有明显差别; 当空化数从 1.1 ~ 1.5 变化时, 不同温度下平均升阻力差别变得明显, 从图 7.3 中空化数为 1.3 时三种温度下空泡演变特性可以看出, 在大空化数条件下, 不同温度计算得到的空泡演变特性有差异, 从而导致在大空化数下平均升阻力系数不同。从图中可得, 在大空化数条件下平均升阻力系数随着温度的增加呈减小趋势变化。

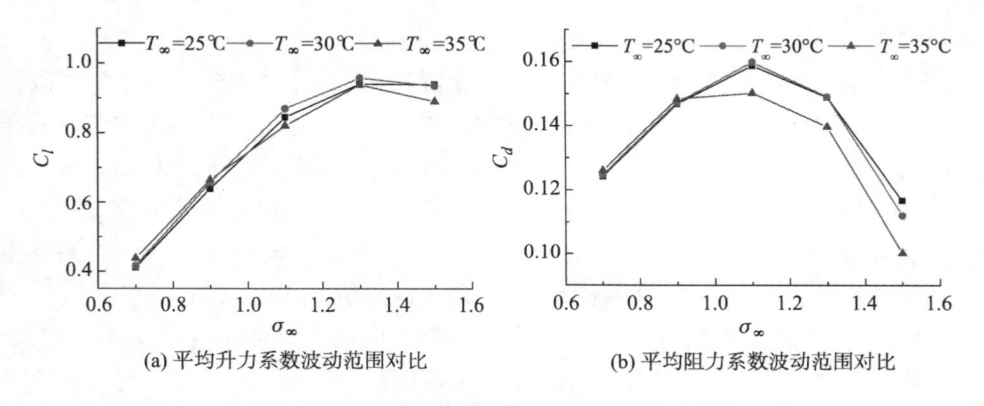


图 7.10 不同温度下水翼流体动力学特性曲线

## 7.2 液氢绕水翼非定常空化流动特性分析

液氢绕水翼 NACA0015 非定常空化流动的几何模型与 6.2 节中模型一致, 模型攻角为 7.5°, 计算工况如表 7.2 所示。不同工况下远场温度和来流速度相同, 通过调节远场的压强实现空化数的改变。计算过程中通过监测表面压力、温度、升力系数、阻力系数等数据对结果进行分析。

**表 7.2** 液氢绕水翼非定常空化流动数值计算工况

| 工况 | 介质 | $T_\infty$/K | $U_\infty$/(m/s) | $p_\infty$/kPa | $\sigma_\infty$ |
|---|---|---|---|---|---|
| H01 | 液氢 | 20.46 | 51.2 | 191 | 0.9 |
| H02 | 液氢 | 20.46 | 51.2 | 210 | 1.1 |
| H03 | 液氢 | 20.46 | 51.2 | 228 | 1.3 |
| H04 | 液氢 | 20.46 | 51.2 | 247 | 1.5 |

### 7.2.1 空化数对液氢非定常空化流动特性影响分析

为对比和分析不同空化数条件下液氢非定常空化流动特性, 图 7.11 给出了空化数从 0.9 ~ 1.5 变化时一个典型周期内空泡形态演变特性对比。

从图 7.11 中可以看出, 不同空化数下流场中空泡演变均经历了发展、断裂以及脱落等过程的周期性变化。当空化数从 0.9 ~ 1.5 变化时, 流场空泡演变特性改变明显, 附着空泡覆盖水翼表面区域随着空化数的增加大幅度减小, 水翼下游空泡脱落团非定常性和复杂性减弱。随着空化数的增加, 水翼表面空泡逐渐由云状空泡向片状空泡转变。在计算的空化数范围内, 液氢非定常空化程度相比于同等空化数下的氟化酮较弱。对比液氢和氟化酮流体介质属性, 液氢的空化热力学效应要比氟化酮显著 [1,2], 所以液氢空化热力学效应对空化流动强度抑制明显。

图 7.12 给出了位于水翼前缘附近的空化核心区域内 $x/c = 0.056$ 位置监测点两个周期内温降和压力动态特性变化。从图 7.12(a) 中的温降变化曲线可以看出, 不同空化数下最大温降差值区别不明显, 结合 7.1.2 小节水翼周围二维和三维温度场分布, 流场温度最小值主要发生在附着空泡尾部闭合区域, 图 7.11 液氢空化流动空泡演变特性表明, 不同空化数下附着空泡闭合位置运动到水翼前缘附近时, 空泡沿跨度方向呈带状分布, 且差别不大, 所以在 $x/c = 0.056$ 位置, 不同空化数下最大温降值较为接近, 这四种工况下, 最大温降值基本为 0.96 K。

从图 7.12(b) 中可以看出, 在小空化数下压力周期性明显, 随着空化数的增加, 压力曲线波动性增强。由于不同工况下最大温降较为接近, 所以对应的当地热力学状态下气化压强差异较小, 所以不同工况下最小压力值都接近 80 kPa。在大空

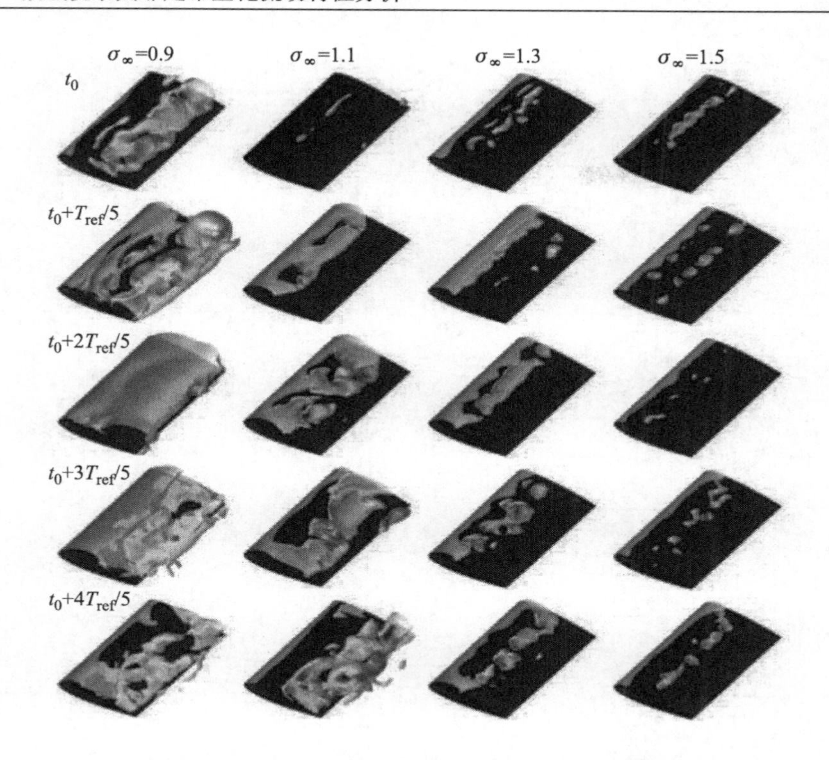


图 7.11 不同空化数下液氢空泡形态演变特性对比

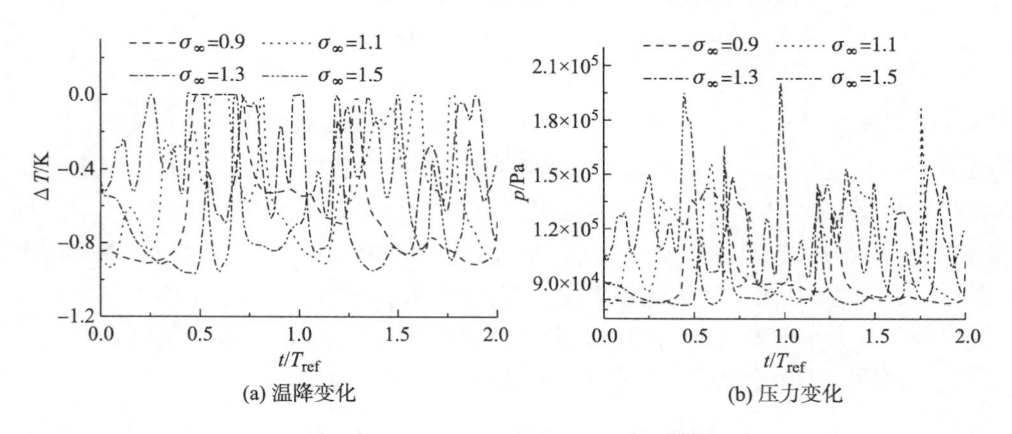


图 7.12 水翼吸力面温降和压力变化

化数下监测点压力峰值较大, 这主要是由于环境压力与空泡内压强差值较大, 空泡在溃灭时产生的压力脉动明显。

图 7.13 给出了不同空化数下液氢绕水翼非定常空化流动的升力系数和阻力系数变化曲线, 以及变化过程中升阻力系数最大值、最小值、平均值对比。从图中可以看出, 不同空化数下升阻力系数呈波动变化, 且升阻力系数随着空化数的增加

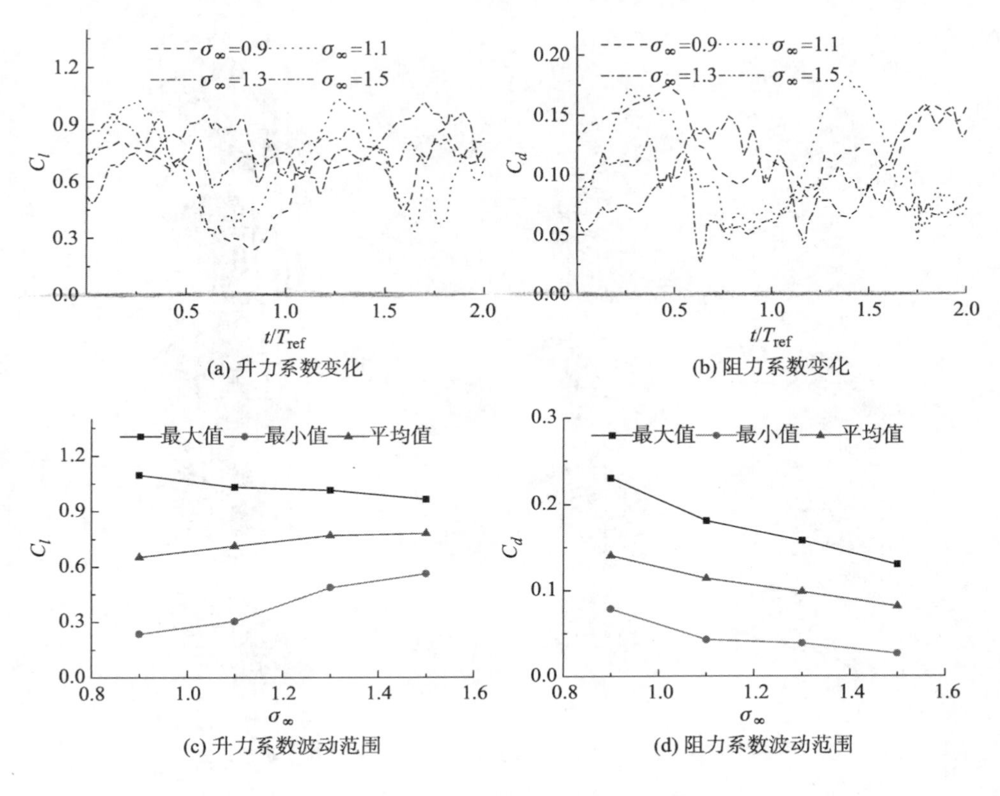

(a) 升力系数变化　(b) 阻力系数变化
(c) 升力系数波动范围　(d) 阻力系数波动范围

图 7.13　液氢绕水翼非定常空化流体动力学特性曲线

波动范围逐渐减小。当空化数 $\sigma_\infty = 1.5$ 时, 升、阻力系数周期性不明显, 由于升、阻力变化特性与流场空泡形态有着密切关系, 在此空化数下水翼表面空泡演变没有明显的周期性, 所以升、阻力系数在小范围内以波动形式变化。图 7.13(c) 和图 7.13(d) 中升、阻力曲线变化表明: 最大升力系数随着空化数的增加呈减小趋势变化, 最小升力系数呈增大趋势变化, 平均升力系数随着空化数的增加而增大, 这说明最小升力系数变化范围要大于最大升力系数变化范围; 而最大阻力系数、最小阻力系数以及平均阻力系数都随着空化数的增加而减小。

### 7.2.2　液氢非定常空化流动瞬时热梯度和涡量场分布特性

为探究空化流场内温度场变化特性与空化气液两相之间转换的关系。图 7.14 给出了空化数为 $\sigma_\infty = 0.9$ 和 $\sigma_\infty = 1.3$ 时温度梯度与气相体积分数梯度在一个周期内典型时刻的变化云图。从图 7.14 中可以看出, 不同空化数下温度梯度分布和变化特性与气相体积分数梯度相对应。在空泡发展阶段的 25% 周期时刻, 温度梯度和气相体积分数梯度值较高的区域集中在水翼前缘附近和附着空泡内贴近壁面的区域, 在这两个区域主要以由液相向气相转变的蒸发过程为主, 相变剧烈的

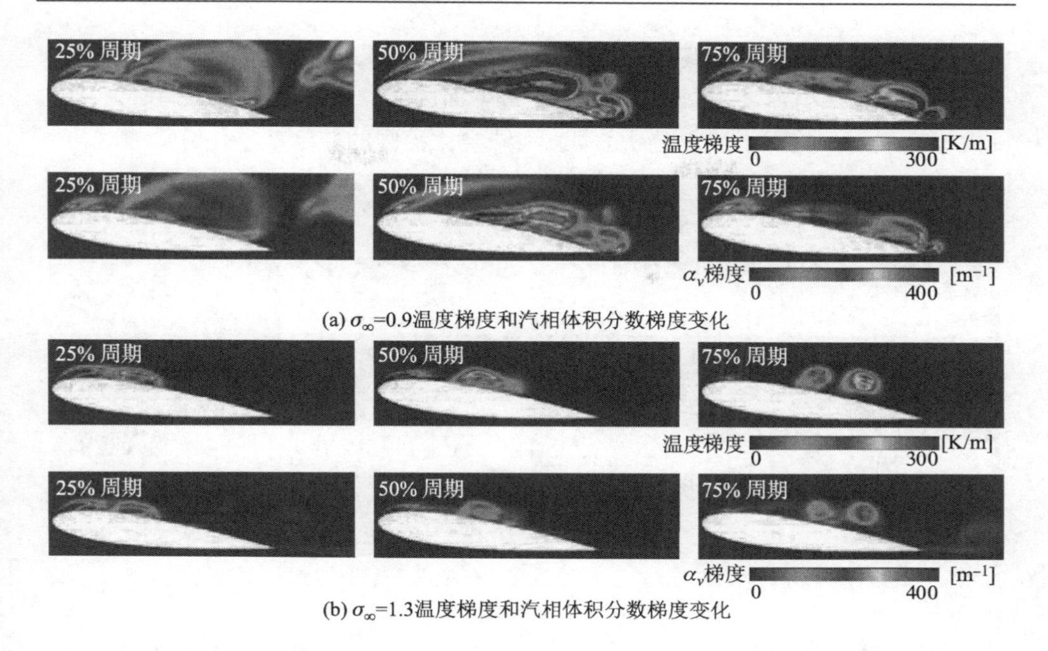


图 7.14 典型周期内场温度梯度与气相体积分数梯度的变化云图 (彩图见封底二维码)

程度直接影响着热量的吸收量大小。在 50% 周期时刻, 温度梯度值较高区域主要集中在水翼前缘附近、附着空泡内部的近壁面区以及尾部。由于此时附着空泡尾部以及水翼尾缘脱落团空泡开始发生断裂和脱落, 气液两相之间转换的蒸发过程和凝结过程都较为剧烈, 从而导致此区域内温度梯度值较高。在 75% 周期时刻, 在两种空化数下温度梯度值较大区域都集中在脱落的空泡团内和水翼前缘的空化核心区, 在尾部脱落团以凝结过程为主, 这个过程释放热量; 水翼前缘空化核心区内蒸发过程与空泡闭合位置的凝结过程共同作用, 导致当地温度变化迅速, 温度梯度值较高。对比两种空化数下温度梯度和气相体积分数梯度分布可知, 相比于 $\sigma_\infty = 1.3$, 空化数 $\sigma_\infty = 0.9$ 时温度梯度值较高 (300 K/m) 的区域分布更加广泛。

为说明热力学效应下空化数对流场结构的影响, 图 7.15 给出了四种空化数下流场中截面 $z$ 方向的瞬时涡量分布。从图 7.15 中可知, 当空化数 $\sigma_\infty = 0.9$ 时, 在整个周期内正涡量带聚集区主要分布在附着空泡外侧以及尾部空泡脱落团内, 分布区域较为分散, 这是由于当空化数 $\sigma_\infty = 0.9$ 时空化流场具有较强的非定常性, 气液两相交换剧烈。随着空化数的增加, 正值高涡量带主要集中分布在附着空泡的气液交界面, 这表明在大空化数下由于空化流场非定常性减弱, 高强度的旋涡主要存在于附着空泡的气液交界面。当空化数 $\sigma_\infty = 1.5$ 时, 在空泡发展阶段正值高涡量带状区厚度较小。在 75% 周期时刻, 空化数为 $\sigma_\infty = 0.9$ 和 $\sigma_\infty = 1.1$ 时, 负值高涡量带大量分布在水翼的近壁面区域; 而空化数为 $\sigma_\infty = 1.3$ 和 $\sigma_\infty = 1.5$ 时,负值高涡量带少量分布附着空泡内侧贴近壁面的区域，这是由于在小空化数下空泡脱落过程中回射流动强烈，从而促进了近壁面区域的气液转换过程，引起当地出现大量高强度的旋涡。以上分析表明，不同空化程度的非定常空化流动表现出不同的涡量特征，从而导致了空化流场的非定常性。

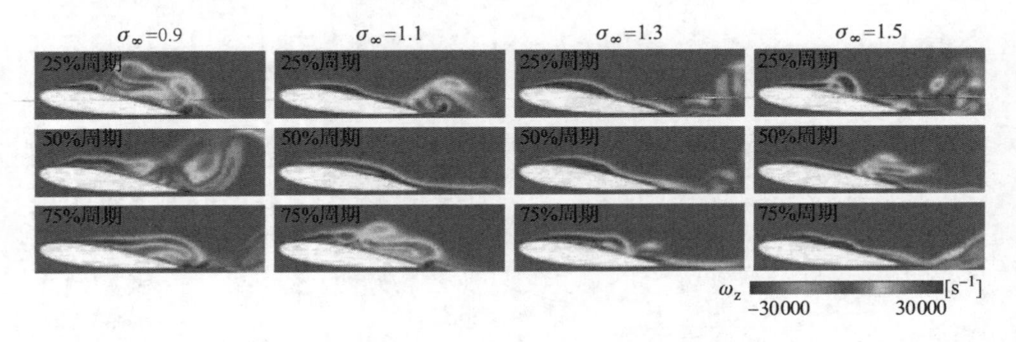


图 7.15 不同空化数下瞬时涡量分布对比 (彩图见封底二维码)

## 7.3 液氮绕水翼非定常空化流动特性分析

本节主要讨论不同空化数下液氮非定常空化流动特性以及液氮绕水翼空化脱落机理特性。计算几何模型为攻角 7.5° 的 NACA0015 水翼，模型参数与 4.2 节一致，计算工况中温度、流速以及压力条件参数如表 7.3 所示。

**表 7.3** 液氮绕水翼非定常空化流动数值计算工况

| 工况 | 介质 | $T_\infty$/K | $U_\infty$/(m/s) | $p_\infty$/kPa | $\sigma_\infty$ |
|---|---|---|---|---|---|
| N01 | 液氮 | 83.06 | 22.4 | 325 | 0.7 |
| N02 | 液氮 | 83.06 | 22.4 | 364 | 0.9 |
| N03 | 液氮 | 83.06 | 22.4 | 403 | 1.1 |
| N04 | 液氮 | 83.06 | 22.4 | 442 | 1.3 |
| N05 | 液氮 | 83.06 | 22.4 | 481 | 1.5 |

### 7.3.1 空化数对液氮非定常空化流动特性影响分析

图 7.16 给出了不同空化数下液氮绕水翼非定常空化流动空泡演变过程。从图中可以看出，不同空化数下流场中空泡演变均呈周期性的发展、断裂和脱落过程变化，水翼表面附着空泡和尾缘附近脱落空泡团的空化强度随着空化数的增加而减弱。在 $t_0 + 3T_{\rm ref}/6$ 时刻附着空泡覆盖区域达到最大值，且附着空泡尾部闭合位

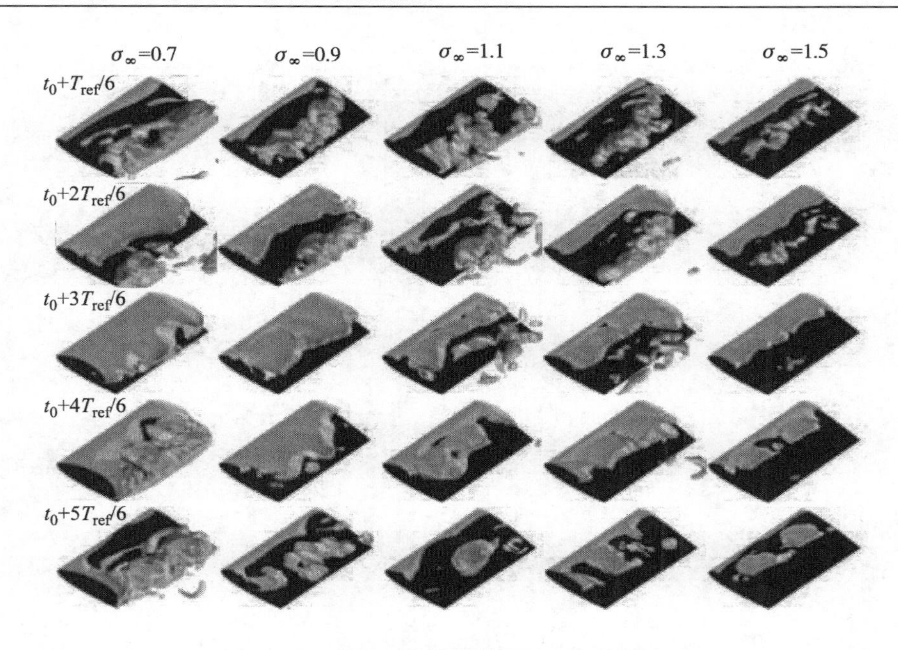


图 7.16 不同空化数下液氮空泡演变特性对比

置随着空化数的增加逐渐向水翼上游靠近。当空化数 $\sigma_\infty = 1.5$ 时, 空化流场空泡以附着型的云状分布为主, 空泡脱落不明显。可见, 大空化数下液氮绕水翼空化强度和非定常性流动特性变弱。

图 7.17 给出了空化数从 $0.7 \sim 1.5$ 变化时, 三个周期内升力系数、阻力系数随时间变化曲线, 以及变化过程中升、阻力系数最大值、最小值、平均值对比。从图中可以看出, 不同空化数下升、阻力变化规律相同, 都以波动形式呈周期性变化。当空化数 $\sigma_\infty = 1.3$ 和 $\sigma_\infty = 1.5$ 时, 升、阻力系数曲线波动幅度较小; 当空化数 $\sigma_\infty = 1.1$ 时, 升、阻力系数波动范围较大。从图 7.17(c) 可以看出, 最大升力系数首先随着空化数的增加呈增大趋势变化, 当空化数 $\sigma_\infty = 1.1$ 时达到最大值, 当空化数 $\sigma_\infty = 1.3$ 和 $\sigma_\infty = 1.5$ 时最大升力系数接近; 最小升力系数随着空化数的增加一直呈增大趋势变化; 对于平均升力系数, 当空化数从 $0.7 \sim 1.1$ 变化时, 平均升力系数增大, 之后随着空化数的增加平均升力系数基本保持不变。图 7.17(d) 的阻力系数波动范围表明, 最大阻力系数、最小阻力系数以及平均阻力系数都随着空化数的增加呈先增大后减小的趋势变化。对比升力系数和阻力系数的变化规律可知, 升、阻力系数变化特性与流场空化形态演变规律密切相关, 从图 7.16 不同空化数下的空泡形态变化可知, 空化数为 $\sigma = 1.1$ 时水翼表面附着空泡逐渐从云状空泡向片状空泡过渡, 附着空泡和尾部脱落团空泡相互作用的非定常性显著, 从而引起该空化数下升力系数和阻力系数波动范围较广。

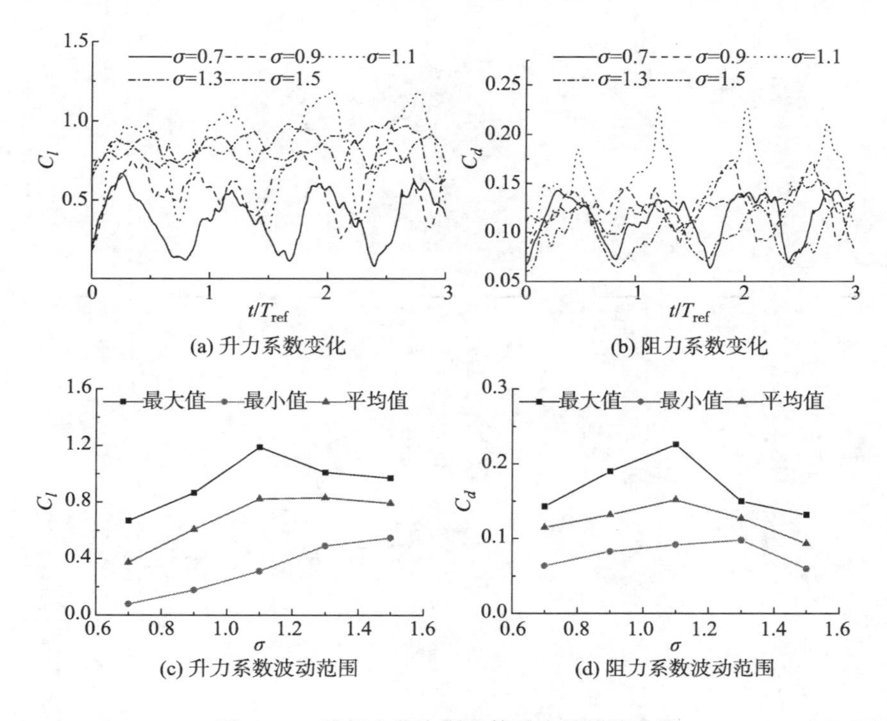

(a) 升力系数变化　(b) 阻力系数变化

(c) 升力系数波动范围　(d) 阻力系数波动范围

图 7.17　液氮空化水翼流体动力学特性曲线

下面以空化数 $\sigma_\infty = 0.7$ 为例来讨论水翼表面温度和压力动态变化特性, 其中温度和压力数据监测点为 $p2(x/c = 0.056)$, $p4(x/c = 0.168)$, $p6(x/c = 0.317)$, $p7(x/c = 0.75)$ 和 $p9(x/c = 0.883)$。图 7.18 给出了水翼 $z/c = 0$ 截面上述五个监测点温度和压力数据随时间的变化曲线。温降和压力曲线随着空化非定常演变过程呈明显的周期性波动变化, 结合图 7.16 空泡演变过程, $p4$ 点位置处于水翼表面附着空泡内稳定区域, 所以温降和压力数据曲线变化比较光滑, 其他位置监测点数

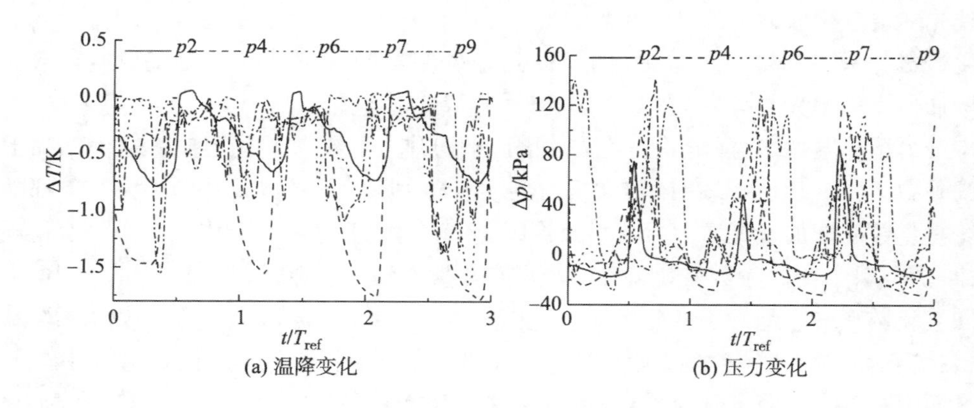

(a) 温降变化　(b) 压力变化

图 7.18　水翼吸力面温降和压力变化 $(\sigma_\infty = 0.7)$

据由于受空泡脱落和回射流的非定常空泡影响, 波动较为剧烈。从温降数据可得最大温降值为 1.75 K, 相对于环境温度下降了 2.1%。相对于气化压力, 空化区域最大压降值为 32 kPa, 下降了 17%。

### 7.3.2 液氮绕水翼空泡脱落机理特性研究

由于液氮绕带攻角水翼空化流动在时间和空间上都表现为非定常性, 为分析液氮非定常空化流动瞬时流体动力学和流场结构特性之间的关系, 图 7.19 ~ 图 7.22 给出了空化数 $\sigma_\infty = 0.7$ 时非定常空泡演化过程中空泡发展和脱落过程典型时刻的三维空泡形态, $z/c = 0$, $z/c = -0.6$, $z/c = 0.6$ 三个空间截面上涡量分布、水翼壁面压力分布以及 $z/c = 0$ 截面流线图。

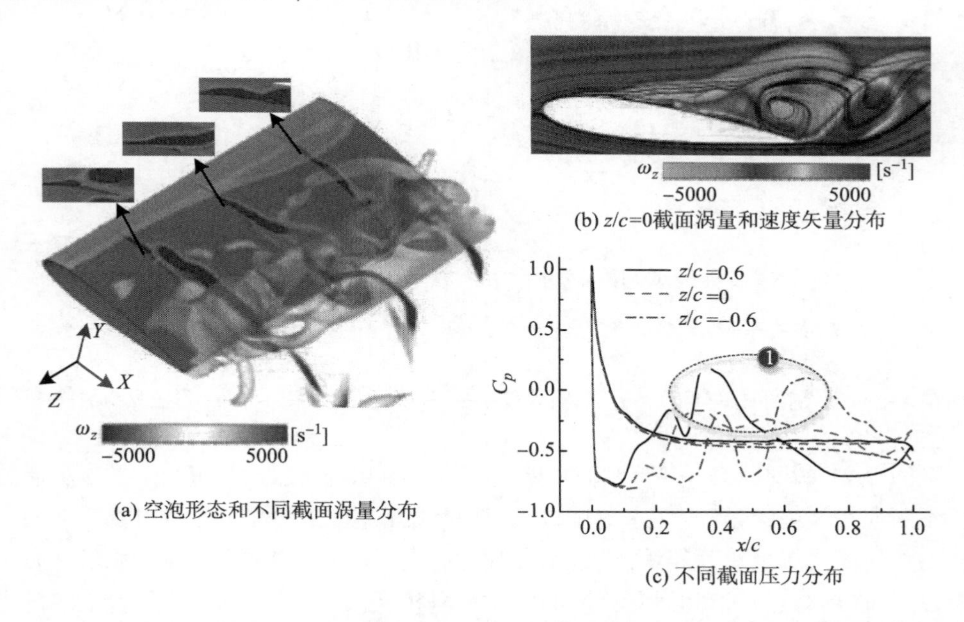


图 7.19 17% 周期时刻空泡形态、瞬时涡量以及不同截面压力系数分布 (彩图见封底二维码)

图 7.19 瞬时状态 (17% 周期) 处于空泡发展的初级阶段。图 7.19(a) 中附着空泡处于发展阶段, 尾部脱落团空泡随着主流向下游运动。此时沿 $z$ 方向不同截面上的正涡量和负涡量以带状形式分布, 不同截面位置由于空泡的非定常性, 所以分布区域形状不同, 由涡量局部放大图可以看出, 在水翼近壁面区域同时存在正涡量带和负涡量带。从图 7.19(b) 中流线分布可知, 此时在水翼尾缘附近由于上个周期形成的空泡团脱落, 形成顺时针旋转的涡。图 7.19(c) 不同截面水翼表面压力分布表明, 处于附着空泡以及下游脱落团空泡闭合区域 ① 内压力出现较为明显的脉动, 且不同截面压力峰值发生位置不同, 此区域的 $\mathrm{d}p/\mathrm{d}x$ 同时存在正负值, 从而引起当地的流场流动状态改变, 出现正负涡量区, 从而促进空泡继续发展。

图 7.20 瞬时状态 (47% 周期) 接近空泡发展的最大阶段, 也是空泡尾部断裂和脱落初始形成阶段。此时空泡内流场结构稳定, 不同截面上正负涡量相对均匀且呈带状分布。在图 7.20(c) 中 ② 区域的水翼尾缘出现逆压梯度, 在此区域内 $dp/dx>0$, 从而促进水翼尾缘附近发生回射流动, 由图 7.20(b) 流线分布可知, 此时在尾缘附近形成顺时针旋转的涡。

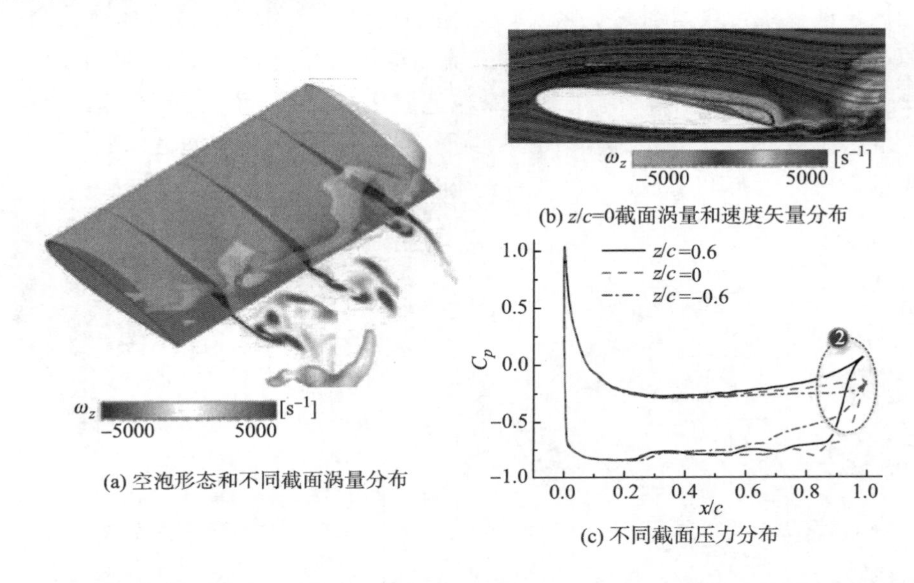

(a) 空泡形态和不同截面涡量分布

(b) $z/c$=0截面涡量和速度矢量分布

(c) 不同截面压力分布

图 7.20　47% 周期时刻空泡形态、瞬时涡量以及不同截面压力系数分布 (彩图见封底二维码)

图 7.21 瞬时状态 (63% 周期) 处于空泡脱落初期阶段。图 7.21(a) 显示回射流不断向水翼前缘运动, 在水翼尾缘形成团状的正值高涡量区, 并与附着空泡内运动的负值高涡量区相互作用, 引起水翼吸力面上形成明显的顺时针涡, 顺时针涡不断发展, 在尾缘与正值高涡量区内的逆时针涡相互作用, 从而诱导了附着空泡发生断裂和脱落。此时图 7.21(c) 中尾翼压力分布已由逆压梯度转变为顺压梯度, 从而促使尾缘脱落空泡向下游运动; 压力曲线中 ④ 区域出现压力升高, 并随着时间发展, 促使回射流继续向水翼前缘运动。

图 7.22 瞬时状态 (83% 周期) 处于空泡脱落后期阶段。此时水翼表面发生大面积空泡脱落, 在水翼壁面附近同时存在正值高涡量区和负值高涡量区, 并相互作用, 使得水翼壁面的涡向前缘继续运动。与此同时尾缘 ⑤ 区域压力仍表现为顺压梯度, ⑥ 区域内压力脉动峰值更加靠近水翼前缘, 从而使得尾部空泡脱落团继续向下游运动, 附着空泡回射流向水翼前缘发展。可见, 空泡的演变过程与流场中流体动力变化密切相关, 水翼壁面压力变化特性和流场内正负涡量相互作用特性影响着水翼周围空泡的演变规律。

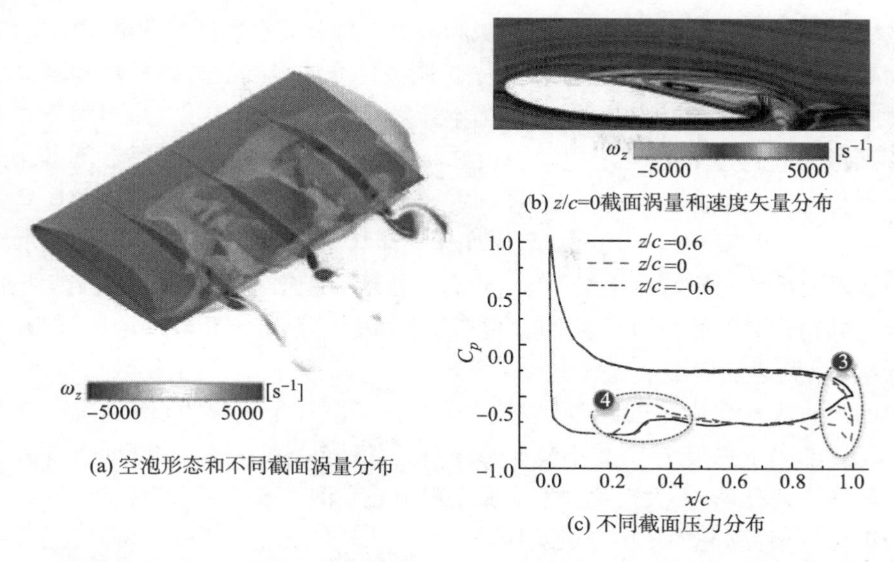


图 7.21 63% 周期时刻空泡形态、瞬时涡量以及不同截面压力系数分布 (彩图见封底二维码)

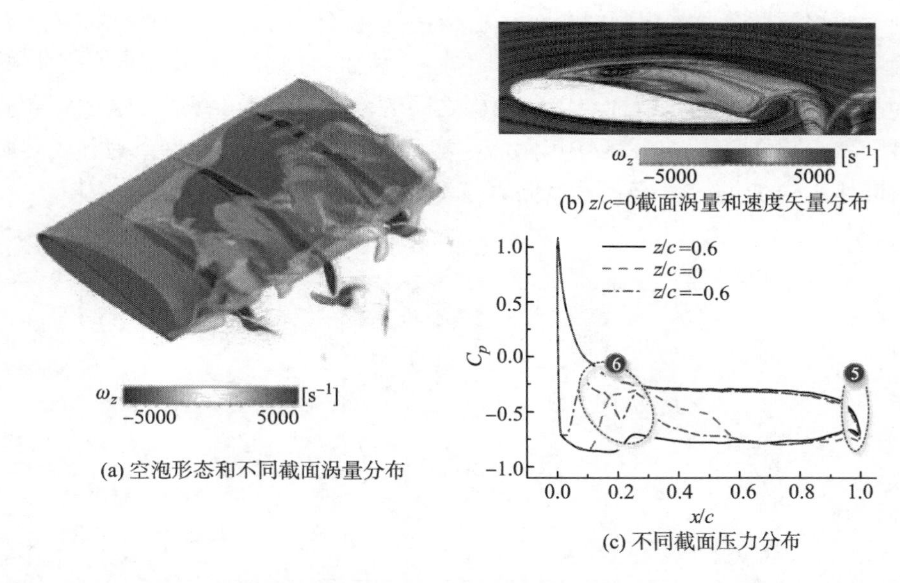


图 7.22 83% 周期时刻空泡形态、瞬时涡量以及不同截面压力系数分布 (彩图见封底二维码)

## 7.4 热力学敏感流体非定常空化流动空泡演变特性

由前文分析发现, 水翼的流体动力变化与空化流场非定常特性密切相关, 为进一步对比不同热力学敏感介质空化流动流体动力特性, 揭示空泡结构与升阻力之间的关系, 图 7.23 给出了氟化酮、液氮和液氢三种介质在不同空化数下的平均升、阻力变化特性对比。从图中可以看出, 不同流体介质得到的升力系数和阻力系数变化特性一致。平均升力系数方面: 当空化数从 0.7 ~ 1.3 变化时, 平均升力系数呈逐渐增大的趋势变化, 当空化数从 1.3 ~ 1.5 变化时, 平均升力系数基本保持不变。平均阻力系数方面: 不同流体介质平均阻力系数都随着空化数的增加呈先增大后减小的趋势变化。平均升、阻力变化规律与参考文献 [3] 中不同温度水翼平均升、阻力系数变化特性相似。升、阻力系数这种变化特质与空泡结构密切相关, 比较不同空化数下的空泡形态随时间演变过程发现, 随着空化数的增加, 附着空泡区域减小, 脱落空泡团尺度变小。综合对比三种流体介质, 当空化数从 0.9 ~ 1.3 变化时, 水翼表面由大尺度云状空泡向小尺度云状空泡过渡明显, 此阶段升力系数变化逐渐趋于平缓。7.3.2 小节水翼表面压力分布特性表明, 空泡闭合会引起水翼表面的压力脉动, 在大空化数下水翼表面附着空泡和脱落团空泡较小, 旋涡运动比较迟缓, 从而引起的压力脉动不明显, 同时附着空泡内的低压区稳定分布, 导致水翼上下表面压力差值波动范围减小。当空化数在 1.1 及附近分布时, 三种流体介质下阻力系数值都较高, 主要是由于在此范围空化数条件下每个周期内水翼表面附着空泡及脱落空泡团同时分布在水翼表面, 且分布范围广、时间长, 在水翼吸力面形成的顺时针旋涡对水翼作用时间持久, 从而导致阻力系数分布值整体较高。从而根据升、阻力变化特性与空泡结构之间的分布关系, 可将热力学敏感介质非定常云状空化划分为图 7.23 中以附着空泡分布为主的 I 区, 附着空泡和脱落团空泡共同作用的 II 区和小范围片状附着空泡为主的 III 区。

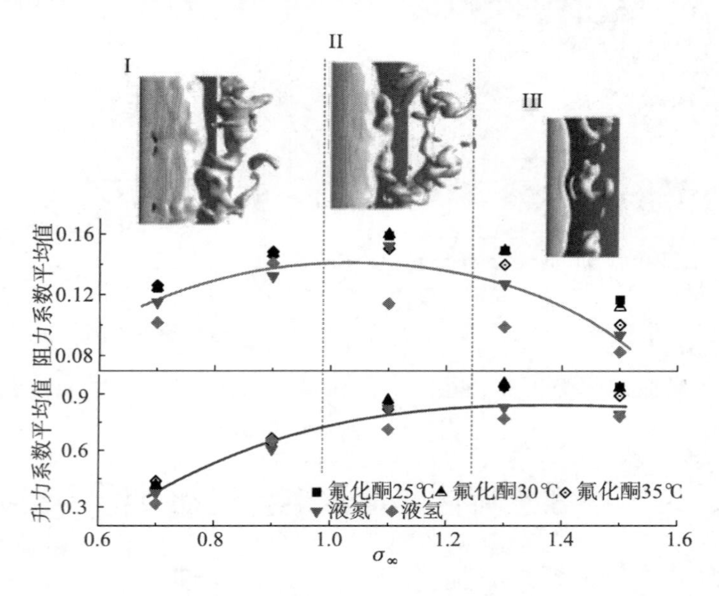


图 7.23　不同热力学敏感介质平均升、阻力特性与空泡结构关系

前文分析表明, 带攻角水翼空化流动中空泡的生成–发展–脱落–溃灭过程影响着升、阻力变化, 而不同类型的空化流动与流体动力特性密切相关。理论和试验研究都表明, 常温水绕带攻角水翼非定常空化流动的升力系数振荡具有明显的周期性 [4−7]。不同机理空化类型的发生取决于空化数与攻角结合组成的参数 $\sigma_\infty/2\alpha$ ($\alpha$ 为弧度), Arndt 等 [8] 根据 $\sigma_\infty/2\alpha$ 分布范围与斯特劳哈尔数 $Sr$ 之间的关系将空泡振荡特性分为三类:

类型 I: $1.0 \leqslant \sigma_\infty/2\alpha \leqslant 4.0$ 时, 超空泡向局部空化过渡的振荡, 以弦长定义的斯特劳哈尔数是个分布在 $0.06 \sim 0.3$ 的常数, 且与空化数相互独立。

类型 II: $4.0 \leqslant \sigma_\infty/2\alpha \leqslant 6.0$ 时, 局部空化振荡, 振荡频率与空化数呈线性关系, 以弦长定义的 $Sr > 0.3$。

类型 III: $6.0 \leqslant \sigma_\infty/2\alpha \leqslant 8.5$ 时, 气泡状空化发生, 此时出现明显低频的谱峰。

Arndt 等 [8] 建议当 $\sigma_\infty/2\alpha = 4$ 时空化类型在类型 I 与类型 II 之间转换, 此时空泡长度与弦长的比值为 0.75。为讨论上述划分方式对热力学敏感流体介质评价的适用性, 图 7.24 对比了水、氟化酮、液氮三种流体介质绕 NACA0015 翼型空化流动时斯特劳哈尔数与 $\sigma_\infty/2\alpha$ 之间的变化关系。从图中可知, 对于液氮在 $\sigma_\infty/2\alpha$ 从 $2.67 \sim 3.44$ 变化时, 斯特劳哈尔数值基本保持恒定, 当 $\sigma_\infty/2\alpha$ 从 $4.20 \sim 5.73$ 变化时, 斯特劳哈尔数呈线性增长变化。而在氟化酮介质中, 斯特劳哈尔数与 $\sigma_\infty/2\alpha$ 之间呈分段线性增长关系, 这与参考文献 [9] 氟化酮空化流动试验观测到的变化规律一致。对比后表明, Arndt 等 [8] 基于水介质空化流动的划分方法对于液氮和氟化酮的预测具有一定的局限性, 可见, 空化热力学效应敏感的流体介质空化流动特性更加复杂。

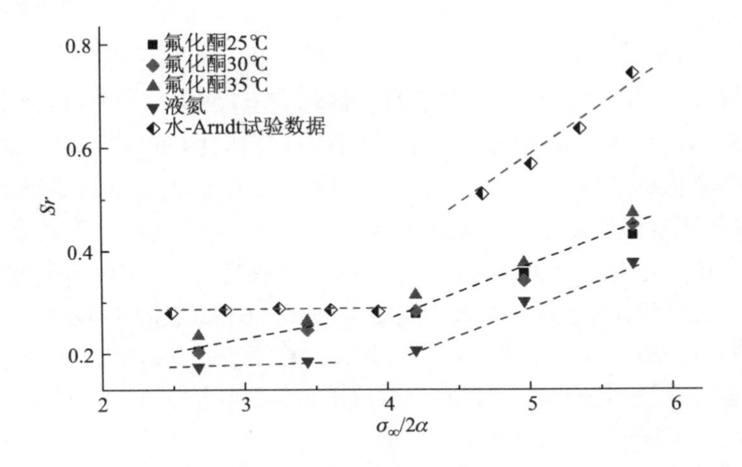


图 7.24　不同流体介质空化流动时斯特劳哈尔数与 $\sigma_\infty/2\alpha$ 的关系

为进一步形象说明 $\sigma_\infty/2\alpha$ 对热力学敏感介质和水介质空化流动特性的影响,

图 7.25 给出了液氮和水介质云状空化特性随 $\sigma_\infty/2\alpha$ 的变化对比 [10], 图中显示的空泡形态对应于相应工况空化发展最充分时刻。从图中可以看出, 随着 $\sigma_\infty/2\alpha$ 的增加, 空化强度逐渐减小, 且水翼表面的附着空泡厚度、尾缘附近的旋涡结构以及沿跨度方向空泡的非定常分布都随之变化; 对比液氮和水介质形成的空泡, 当达到相近形态和尺度的空泡时, 液氮对应 $\sigma_\infty/2\alpha$ 的值较小。可见, 热力学效应抑制了空化的发生, 从而需要较小的 $\sigma_\infty/2\alpha$ 值才能达到与水介质相似的空化流动过渡界限。

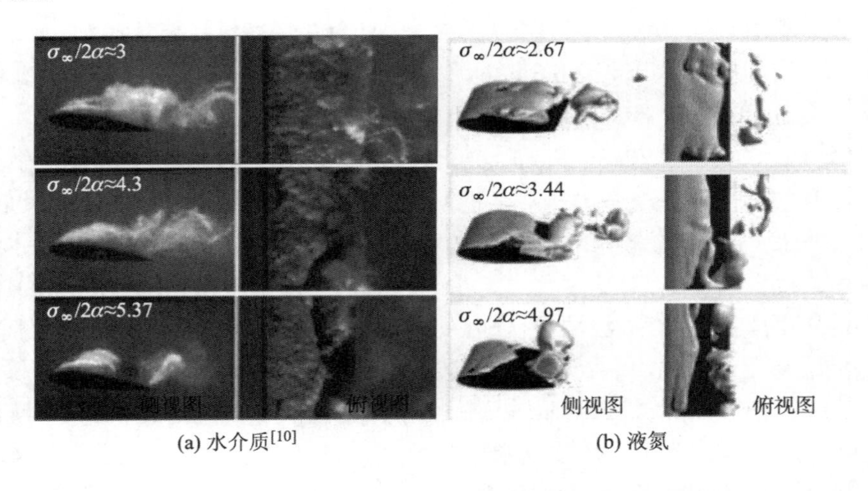


(a) 水介质[10]　　(b) 液氮

图 7.25　液氮和水介质云状空化特性随 $\sigma_\infty/2\alpha$ 的变化对比

## 7.5　小　　结

空化数大小影响着空化流场非定常特性和空泡尺度。不同空化数下空化流场在主流和水翼跨度方向呈非定常分布, 随着空化数的增加, 水翼表面附着空泡尾部和脱落团空泡的非定常性减弱, 水翼表面附着空泡最大接触面积整体呈减小趋势变化, 脱落团空泡尺度随着空化数的增加而变小。随着来流温度的升高, 空化强度呈减弱趋势变化。热力学敏感流体介质在温度较高时, 空化热力学效应明显, 抑制空化流动效果增强, 导致水翼表面附着空泡面积随着温度增加呈减小趋势变化。空化流场温度分布特性与空泡结构密切相关。在附着空泡和脱落团空泡内部空化发生的区域, 气化潜热影响, 引起当地温度降低; 在附着空泡闭合位置和脱落团空泡外围空泡溃灭区域, 凝结过程释放热量, 引起当地温度略有升高。水翼表面温度沿主流方向和跨度方向均表现出明显的不均匀性, 且温度分布特点与非定常空泡蒸发和凝结过程引起的温变特性对应。水翼表面最大温降随着空化数的增加而增大; 流场内温度梯度大的区域, 气相体积分数梯度高, 气液两相之间转化剧烈。空化流场压力分布、旋涡结构与空泡演变特性密切相关。在空泡发展阶段, 在水翼表面同时存在正涡量带和负涡量带, 促进空泡向下游发展。当空化充分发展时, 水翼尾缘出现逆压梯度区, 尾缘附近形成顺时针旋转的涡, 诱导水翼尾缘附近发生回射流动。在空泡脱落阶段, 翼吸力面上形成明显的顺时针涡, 并与尾缘逆时针涡相互作用, 诱导了附着空泡发生断裂和脱落; 此阶段尾缘区域表现为顺压梯度, 使得尾部空泡脱落团继续向下游运动, 附着空泡回射流向水翼前缘继续发展。三种热力学敏感流体介质升阻力变化特性相似。不同流体介质升、阻力系数随时间均呈周期性变化, 在一个周期内升力系数和阻力系数的峰值位置都主要集中在 0.6~0.7 周期区间内。当空化数从 0.7~1.3 变化时, 随着空化数的增加, 升、阻力系数的波动范围先增大后减小, 升力系数的平均值先增大而后趋于稳定, 阻力系数平均值呈先增加后减小的趋势变化。升、阻力系数变化特性与流场空泡演变特性密切相关。空化热力学效应影响着空化流场空泡演变特性。空化数相同时, 液氢介质空化强度最小, 热力学抑制效应最明显。在热力学效应影响下, 空化流场的斯特劳哈尔数随空化数呈分段线性增长变化。相比于水介质局部空化振荡演变规律, 热力学敏感介质需要较小的 $\sigma_\infty/2\alpha$ 值才能达到与水介质相似的空化流动过渡界限。

# 参考文献


[1] Lemmon E W, Huber M L, McLinden M O. NIST reference fluid thermodynamic and transport properties–REFPROP [J]. NISTNSRDS, 2002.

[2] Kelly S B, Segal C. Experiments in thermosensitive cavitation of a cryogenic rocket propellant [D]. Gainesville: University of Florida, 2012:97-99.

[3] 时素果. 空化热力学效应及数值计算模型研究 [D]. 北京: 北京理工大学,2012:17-105.

[4] Watanabe S, Tsujimoto Y, Furukawa A. Theoretical analysis of transitional and partial cavity instabilities [J]. Journal of Fluids Engineering, 2001, 123(3): 692-697.

[5] Kjeldsen M, Arndt R E A, Effertz M. Spectral characteristics of sheet/cloud cavitation [J]. Journal of Fluids Engineering, 2000, 122(3): 481-487.

[6] Fujii A, Kawakami D T, Tsujimoto Y, et al. Effect of hydrofoil shapes on partial and transitional cavity oscillations [J]. Journal of Fluids Engineering, 2007, 129(6): 669-673.

[7] Kawakami D T, Fuji A, Tsujimoto Y, et al. An assessment of the influence of environmental factors on cavitation instabilities [J]. Journal of Fluids Engineering, 2008, 130(3): 031303.

[8] Arndt R E A, Song C C S, Kjeldsen M, et al. Instability of partial cavitation: a numerical/experimental approach [C]. Processing 23rd of Symposium on Naval Hydrodynamics, edited by E.Rood. Washington: Acodemic, 2000.

[9] Gustavsson J P R, Denning K, Segal C. Experimental study of cryogenic cavitation using fluoroketone [J]. AIAA, 2008, 576: 7-10.

[10] Tropea C, Yarin A L, Foss J F. Springer Handbook of Experimental Fluid Mechanics [M]. Berlin: Springer Science & Business Media, 2007.